小型建设工程施工项目负责人岗位培训教材

冶 炼 工 程

小型建设工程施工项目负责人岗位培训教材编写委员会　编写

中国建筑工业出版社

图书在版编目（CIP）数据

冶炼工程/小型建设工程施工项目负责人岗位培训教材编写
委员会编写. —北京：中国建筑工业出版社，2013.8
小型建设工程施工项目负责人岗位培训教材
ISBN 978-7-112-15575-0

Ⅰ.①冶…　Ⅱ.①小…　Ⅲ.①冶金-岗位培训-教材　Ⅳ.①TF1

中国版本图书馆 CIP 数据核字（2013）第 143443 号

本书是《小型建设工程施工项目负责人岗位培训教材》中的一本，是冶炼工程专业小型建设工程施工项目负责人参加岗位培训的参考教材。全书共 2 章，包括冶炼工程专业施工技术、冶炼工程施工管理实务等。本书可供冶炼工程专业小型建设工程施工项目负责人作为岗位培训参考教材，也可供冶炼工程专业相关技术人员和管理人员参考使用。

* * *

责任编辑：刘　江　岳建光　王砾瑶
责任设计：张　虹
责任校对：张　颖　赵　颖

小型建设工程施工项目负责人岗位培训教材
冶　炼　工　程
小型建设工程施工项目负责人岗位培训教材编写委员会　编写
*
中国建筑工业出版社出版、发行（北京西郊百万庄）
各地新华书店、建筑书店经销
北京红光制版公司制版
河北省零五印刷厂印刷
*
开本：787×1092 毫米　1/16　印张：9½　字数：230 千字
2014 年 4 月第一版　2014 年 4 月第一次印刷
定价：26.00 元
ISBN 978-7-112-15575-0
（24161）

小型建设工程施工项目负责人岗位培训教材

编 写 委 员 会

主　　编：缪长江

编　　委：（按姓氏笔画排序）

王　莹　　王晓峥　　王海滨　　王雪青

王清训　　史汉星　　冯桂烜　　成　银

刘伊生　　刘雪迎　　孙继德　　李启明

杨卫东　　何孝贵　　张云富　　庞南生

贺　铭　　高尔新　　唐江华　　潘名先

序

为了加强建设工程施工管理，提高工程管理专业人员素质，保证工程质量和施工安全，建设部会同有关部门自 2002 年以来陆续颁布了《建造师执业资格制度暂行规定》、《注册建造师管理规定》、《注册建造师执业工程规模标准》（试行）、《注册建造师施工管理签章文件目录》（试行）、《注册建造师执业管理办法》（试行）等一系列文件，对从事建设工程项目总承包及施工管理的专业技术人员实行建造师执业资格制度。

《注册建造师执业管理办法》（试行）第五条规定：各专业大、中、小型工程分类标准按《注册建造师执业工程规模标准》（试行）执行；第二十八条规定：小型工程施工项目负责人任职条件和小型工程管理办法由各省、自治区、直辖市人民政府建设行政主管部门会同有关部门根据本地实际情况规定。该文件对小型工程的管理工作做出了总体部署，但目前我国小型建设工程还未形成一个有效、系统的管理体系，尤其是对于小型建设工程施工项目负责人的管理仍是一项空白，为此，本套培训教材编写委员会组织全国具有丰富理论和实践经验的专家、学者以及工程技术人员，编写了《小型建设工程施工项目负责人岗位培训教材》（以下简称《培训教材》），力求能够提高小型建设工程施工项目负责人的素质；缓解"小工程、大事故"的矛盾；帮助地方建立小型工程管理体系；完善和补充建造师执业资格制度体系。

本套《培训教材》共 17 册，分别为《建设工程施工管理》、《建设工程施工技术》、《建设工程施工成本管理》、《建设工程法规及相关知识》、《房屋建筑工程》、《农村公路工程》、《铁路工程》、《港口与航道工程》、《水利水电工程》、《电力工程》、《矿山工程》、《冶炼工程》、《石油化工工程》、《市政公用工程》、《通信与广电工程》、《机电安装工程》、《装饰装修工程》。其中《建设工程施工成本管理》、《建设工程法规及相关知识》、《建设工程施工管理》、《建设工程施工技术》为综合科目，其余专业分册按照《注册建造师执业工程规模标准》（试行）来划分。本套《培训教材》可供相关专业小型建设工程施工项目负责人作为岗位培训参考教材，也可供相关专业相关技术人员和管理人员参考使用。

对参与本套《培训教材》编写的大专院校、行政管理、行业协会和施工企业的专家和学者，表示衷心感谢。

在《培训教材》的编写过程中，虽经反复推敲核证，仍难免有不妥甚至疏漏之处，恳请广大读者提出宝贵意见。

小型建设工程施工项目负责人岗位培训教材编写委员会

2013 年 9 月

前　言

在工程建设中，小型项目占大多数；许多大型项目其实是由若干个小型项目组成；即使是规模宏大的基础设施项目或工业项目，往往也需要将其分解为一个个小型（子）项目来组织施工。建筑施工行业需要大批的小型施工项目负责人。他们是最基层的项目管理者，其管理素质的提高是整个施工行业管理水平提高的基本条件。

当前小型建筑工程施工项目负责人的管理几乎还是空白，尚未形成一个有效、系统的管理体系，开展对小型工程施工项目负责人的岗位培训显得十分必要。通过培训，旨在提高小型工程施工项目负责人素质，促进工程质量安全管理水平提高，缓解"小工程、大事故"矛盾；同时帮助地方建立小型工程管理体系和补充完善建造师执业资格制度体系。

为此，本书编委会组织全国具有丰富理论和实践经验的专家、学者以及工程技术人员，根据《注册建造师执业管理办法》第二十八条之规定："小型工程施工项目负责人任职条件和小型工程管理办法由各省、自治区、直辖市人民政府建设行政主管部门会同有关部门根据本地实际情况规定"分专业编写了《小型建设工程施工项目负责人岗位培训教材》。本分册（冶炼工程）针对我国冶炼工程施工项目负责人所需知识和技能特点，着重在冶炼工程专业施工技术和规范、施工管理知识和相关法律法规，以及施工项目负责人执业管理等方面作了阐述。本书的编写，力求通俗易懂，使具有中学以上文化水平的管理人员都能看懂并掌握，大量的案例资料可供相关专业工程技术人员和大专院校师生参考。

本书由冯桂烜、赵黎明合作编写，冯桂烜负责统稿。本书编写得到曾晴芳等同志的大力帮助，特此表示感谢。

由于编者水平及经验所限，本书难免有不妥甚至错漏之处，敬请读者批评指正。

目　　录

第1章 冶炼工程专业施工技术

1.1 冶炼工程专业施工技术特点

1.1.1 冶炼工程的一般技术特点

本书所说的冶炼工程包括冶金、有色、建材工业的主体工程、配套工程及生产辅助附属工程。

金属冶炼通常采用焙烧、熔炼、电解或其他化学方法从矿石和其他原料中富集、提取金属，通过精炼减少金属中所含的杂质或增加金属中某种成分，经过进一步的加工处理，使之成为人类所需要的材料。常见的冶炼工艺方法有火法冶炼、湿法冶炼和选治联合工艺。建材工业也常常使用焙烧、熔炼等方法生产砖瓦、水泥、玻璃、陶瓷等。归纳起来，冶炼工程一般具有如下技术特点：

1) 工程规模大，占地广，造价高；

2) 项目组成复杂，除主体工程外，还有诸多辅助、配套工程；

3) 厂房高大，结构形式多样，内部多配有大型行车，基础深厚，上部多为重钢结构；

4) 机械设备大型化、连续化、自动化，安装技术复杂；

5) 由于承载大，对变形敏感的子项多，地基处理要求高；

6) 大而深的基坑施工多，基坑围护难度大；

7) 设备基础体量大，构造复杂，沟道多、孔洞多、预埋件多、标高控制点多，施工困难；

8) 水、电、油、风、气等能源介质种类多，工业管道的材质、规格多，施工工艺复杂，工程量大；

9) 工艺设备的计算机控制程度高，电缆、电线和电气仪表数量庞大，安装调试技术复杂；

10) 工业炉窑多，耐火、防腐工程量大，施工质量要求高；

11) 工程施工中多工种立体交叉作业，统筹组织、配合协调难度大；

12) 余热利用、烟尘回收、废液废渣处理等环境保护和资源综合利用工程有许多特殊技术要求，并要求与主体工程同步建成。

鉴于上述特点，冶炼工程多为大型工程。大型工程通常要划分为若干个块区来组织施工，任何大型工程也都是由中小型的单位工程和分部、分项工程组成。中小型工程项目负责人可以是大型冶炼工程中某一个局部区域工程或单位工程的负责人，他不但应该懂得所负责项目的施工，还应对整个工程项目的施工有所了解。

1.1.2 钢铁冶炼工程专业施工技术特点

钢铁冶炼又叫做黑色冶金，在很多情况下就简称为冶金，冶金工程常常就是指钢铁冶炼工程。钢铁材料在数量上占了全部金属材料的大部分，冶金工程也就在整个冶炼工程中占了多数。

钢铁冶炼通常采用火法冶金。传统的钢铁冶金生产工艺流程如图1-1所示。

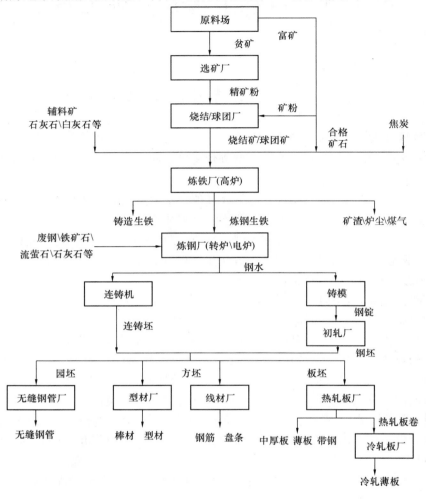

图 1-1 钢铁冶金生产工艺流程

上述工艺流程可以分为炼铁、炼钢、轧钢三大阶段。在冶金工程中通常把堆放处理矿石原料的原料堆场、将精矿粉烧结成球团矿的烧结厂、将焦煤炼成焦炭的焦化厂和炼铁的高炉归集为炼铁工程或"铁前工程"；炼钢工程有转炉或电炉，还包括将炼好的钢水铸成钢锭的铸锭车间，现在多采用连铸机铸成连铸钢坯；轧钢工程包括初轧、热轧、冷轧等车间，按照轧制产品的种类不同，可以把几个轧钢车间分别组成型钢生产系统、钢板生产系统、钢管生产系统和混合生产系统。

钢铁冶金工程除了前一节所述的技术特点之外，还具有自己的一些特点：

1) 小型钢铁企业由于能耗大，污染重，效益差，属于国家政策淘汰之列，新建的钢铁冶金工程均为大型工程；

2) 每一个钢铁冶金工程都可以看成群体工程，包含了多个施工专业，不但有工业与民用建筑工程、市政与机电安装工程，还有电力工程（供配电系统）、化工工程（焦化与回收系统）、铁路工程（总图运输系统）、通信工程（全厂通信系统）等，对施工技术的全面性与组织管理的综合性要求更高；

3）工艺设备高、大、精、尖的特点更为突出，非标准设备量大，自动化系统更加复杂；

4）设备基础体积庞大（如高炉、热风炉、焦炉基础等），构造复杂（如轧钢机、连铸机基础等），有的箱型基础长达数百米，要采用专门工法施工；

5）地下工程（如地下管网、电缆沟、地下油库等）和深坑（如冲渣沟、铁皮坑等）作业多；

6）大型厂房钢结构、有特殊要求的工艺钢结构及高温高压容器、管道等，不但数量大，而且加工、焊接、除锈、脱脂、检验等技术要求高，安装更加复杂，往往要与设备安装穿插进行，难度大；

7）许多大型构件（如高炉、热风炉的炉体及框架）、设备（如炉顶设备）管道（如煤气上升管、下降管）的安装都是高空作业，对安全防护有更高要求；

8）很多设备、设施都是冷态安装，热态运行，安装调整时必须充分考虑这一特点。

1.1.3　有色冶炼工程专业施工技术特点

有色冶炼工程包括重有色金属冶炼工程和轻金属冶炼工程。

（1）重有色金属冶炼工程

重有色金属包括铜、铅、锌、镍、钴、锡、锑、铋等，其冶炼方法有火法冶炼、湿法冶炼和混合冶炼等方法；按工艺流程分，有鼓风炉熔炼、反射炉熔炼、电炉熔炼、闪速熔炼和熔池熔炼等许多种。

重有色金属相对于钢铁来说数量较少，其冶炼工程的规模也相对较小，但相对于其他工业工程来说仍属于规模大而复杂的工程项目。以铜冶炼工程为例，其工程项目包括生产系统、辅助生产系统、动力系统、给排水系统、总图运输及全厂办公、生活设施等。其中生产系统又包括原料仓（场）、焙烧车间、熔炼车间、电解车间、硫酸车间、收尘车间等。重有色金属工程除具有冶炼工程的一般技术特点之外，尤其突出的是在生产场所存在较多腐蚀介质，工艺流程涉及易燃、易爆、有毒气体或物质，有很多烟尘、废液、废渣需要处理，因而还具有如下特点：

1）厂房、地面、设备、管道及其他设施大多要作防腐蚀处理；

2）建、构筑物和相关设施的防火、防爆标准要求高，施工难度较大；

3）有很多要求耐高温高压、耐酸耐腐蚀的炉、窑、池、槽、罐等设施，对施工有特殊的技术要求；

4）诸多余热利用、环境保护和资源回收利用的设施必须与主体工程同步建成。

（2）轻金属冶炼工程

轻金属冶炼工程以氧化铝和电解铝工程为代表。氧化铝生产方法有碱法、酸法、酸碱联合法和热法，工业上主要采用碱法。电解铝主要采用冰晶石—氧化铝熔盐电解法。

氧化铝工程的主要项目有：原燃料准备，铝矿石溶出，生料烧结，熟料溶出，赤泥分离及洗涤，粗液脱硅与硅渣分离，精液分解、氢氧化铝分离与洗涤，母液蒸发与结晶碱分离，氢氧化铝焙烧和氧化铝综合回收等。

电解铝工程的主要项目有：氧化铝贮运，电解槽，电极碳素生产，连续铸锭，烟气净化等。

铝冶炼工程除了冶炼工程的一般技术特点之外，还具有如下特点：

1）在高温、高压、易燃、易爆的环境下进行生产的车间多，对施工有专门的技术要求；

2）高压容器（罐）多，必须严格按照国家规范和标准进行制作、安装；

3）回转窑、石灰炉、焙烧炉、煅烧窑等炉（窑）体施工与耐火材砌筑（喷涂、浇筑）要求高；

4）氧化铝车间多存在碱腐蚀问题，确保防腐工程施工质量非常重要。

5）电解槽的电磁防护和绝缘要求非常高，对于保证设备和人身安全非常重要。

1.1.4、建材工程专业施工技术特点

建筑材料种类繁多。现以常见的水泥厂工程和玻璃工业工程为例说明建筑材料工程的专业施工技术特点。

（1）水泥厂工程

水泥厂工程的主要项目有：原燃料破碎堆场与储库，原料粉磨及废气处理，生料均化及入窑喂料系统，熟料烧成（回转窑），煤粉制备，熟料储存及输送，石膏、混合材破碎及输送，水泥调配站，水泥粉磨，水泥储存库，以及空气压缩站等辅助项目。

水泥厂工程除了冶炼工程的一般技术特点之外，还具有如下特点：

1）水泥库、熟料库等建筑物体型庞大，水泥磨坊及窑头、窑尾厂房高度较高；

2）回转窑的制作和安装有专门的技术要求；

3）水泥生产过程易产生粉尘，防尘除尘设施的重要性尤其突出。

（2）玻璃工业工程

平板玻璃生产工艺流程为：配料→熔化→成型→退火→切裁→包装→发运。玻璃工厂的主要项目有：原料工段，熔化工段，成形工段，退火工段，切裁工段，成品工段，以及空压站、氮氢站、余热发电等辅助配套项目。

平板玻璃工程除了冶炼工程的一般技术特点之外，还具有如下特点：

1）生产车间具有耐高温、耐碱腐蚀、抗振动、防噪声、防爆的特殊要求；

2）熔窑、锡槽、退火窑的安装标高控制要求高；

3）熔化池基础坑大而深，地基处理要求高，大体积混凝土施工控温防裂是突出的技术问题。

1.2 常用工程材料的进场检验

1.2.1 关于工程材料进场检验的规定

我国《建设工程质量管理条例》规定，施工单位必须按照工程设计要求、施工技术标准和合同约定，对建筑材料、建筑构配件、设备和商品混凝土进行检验，检验应当有书面

记录和专人签字；未经检验或者检验不合格的，不得使用。对涉及结构安全的试块、试件以及有关材料，应当在建设单位或者工程监理单位监督下现场取样，并送具有相应资质等级的质量检测单位进行检测。工程竣工验收时，必须提供工程使用的主要建筑材料、建筑构配件和设备的进场试验报告。

工程材料进入施工现场需要具备的相关质量资料有：

1）生产厂家的产品出厂合格证；

2）厂家质量检验报告和质量保证书；

3）相关质量检验部门出具的检验报告；

4）厂家营业执照。

有的产品（比如有放射性、会造成空气污染等对人体有危害的产品）还需要环保、消防部门出具的认可文件。

各地主管部门对工程材料常规见证检验程序的规定不尽相同。一般程序如下：

1）建设单位在实施建设工程材料检验工作前，须向工程质量监督机构提交检验方案。检验方案包括见证人员授权书，写明本工程现场委托的见证单位名称和见证人亲笔签名字样及见证员证件号，每个单位工程见证人不得少于 2 人。

2）施工过程中，施工单位的材料试验人员在现场进行原材料取样和试件制作时，必须由持有《见证员证书》的见证人员在旁见证。见证人有责任对试样制作及送检全过程进行监护，采取各种必要措施保证试样送检的真实性，包括在试样或包装上作出标识、封志等；见证人员应当如实填写见证记录，并将见证记录归入施工技术档案。取样送样人员和见证人员当应对试样的代表性和真实性负责。

3）见证单位及见证人员授权书（副本）应在材料送检前提交给该工程的相关检测单位留存作为材料送检时核对见证资料的依据（包括见证人及其亲笔签名字样，送样的封装办法等）。

4）常规见证检验的材料、试块、试件等送检时，应当由送检单位填写委托单，委托单应当设置见证人员、送检人员签名栏及见证情况判定栏，并由见证人员和送检人员签字确认。

5）检测单位在接受试样时应当根据存档资料，核对见证人员的《见证员证书》、见证记录等并作出是否常规见证检验的判定，确认无误后方可作为常规见证检验进行检验。委托单应当与委托检验的其他原始资料一并由检测单位存档。

6）在常规见证检验的检验报告中，检测单位应在报告中注明见证人单位及姓名，加盖"常规见证检验"专用章，不得有"仅对来样负责"的说明。未注明见证人和无"常规见证检验"章的检验报告，不得作为工程质量控制资料和竣工验收资料。

7）检测单位应当建立不合格检验报告台账，出现不合格检验项目应当 24 小时内通知该工程的建设单位、监理单位和工程质量监督机构。

1.2.2　冶炼工程常用材料的进场检验

材料进场检验批的划分：原则上应与各分项工程检验批一致，也可以根据工程规模及进料实际情况划分检验批。需复验的进场原材料试件必须有代表性，即所采样品的质量应能代表该批材料的质量。在采取试样时，必须按规定的部位、数量及采选的要求进行。对重要的构件和非匀质材料可酌情增加采样数量。

（1）钢材

1）钢筋混凝土用热轧光圆、热轧带肋、余热处理钢筋

每批重量不大于60t；每批由同一牌号、同一炉罐号、同一规格、同一交货状态的钢筋组成；在每批中任选两根钢筋，在每根钢筋上切取拉伸、冷弯试样一根。

2）低碳钢热轧圆盘条

每批重量不大于60t；每批由同一牌号、同一炉罐号、同一等级、同一品种、同一尺寸、同一交货状态的钢材组成；在每批中取拉伸试样1根，冷弯试样2根。

3）冷轧带肋钢筋

每批重量不大于50t；每批由同一牌号、同一炉罐号、同一规格、同一交货状态的钢筋组成；在每批中的任意两盘取冷弯试样各1根。

4）预应力混凝土用热处理钢筋

每批重量不大于60t；每批由同一外形截面、同一热处理方式和同一炉罐号的钢筋组成；在每批中选取10%的盘数（不少于25盘），每盘取拉伸试件1根。

5）预应力混凝土用钢丝

每批抽检5%但不少于5盘；每批由同一牌号、同一形状尺寸、同一交货状态的钢丝组成；在每盘中取反复弯曲试样1根。

6）预应力混凝土用钢绞线

每批重量不大于60t；每批由同一牌号、同一规格、同一生产工艺制成的钢绞线组成；从每盘中取拉伸试样1根。

7）冷拉钢筋

每批重量不大于20t；每批由同一级别、同一直径的冷拉钢筋组成；在每批中选取2根钢筋，在每根钢筋上取拉伸和冷弯试样各1根。

8）冷拔低碳钢丝

甲级——以每盘钢丝上取拉伸和反复弯曲试样各1根。

乙级——以同一直径的钢丝每5t为一批，在每批中任选三盘，在每盘中取拉伸和反复弯曲试样各1根。

9）结构钢

每批重量不大于60t；每批由同一牌号、同一炉罐号、同一等级、同一品种、同一尺寸、同一交货状态的钢材组成；在每批中任选一根钢材切取拉伸和弯曲试样各1根；任选三根钢材各切取冲击试样1根。

取样方法应沿材料轧制方向切取；钢筋、棒材从材料端部起切取；工字钢应在腰高四分之一处切取；钢板应在距边缘为板宽四分之一处切取。

用于钢结构工程施工的钢材，应符合现行国家产品标准和设计要求。进口钢材产品的质量应符合设计和合同规定标准的要求。检查数量：全数检查；检验方法：检查质量合格证明文件、中文标志及检验报告等。

对属于下列情况之一的钢材，应进行抽样复验，其复验结果应符合现行国家产品标准和设计要求：

① 钢材混批；

② 厚度等于或大于 40mm，且设计有 Z 向性能要求的厚板；

③ 建筑结构安全等级为一级，大跨度钢结构中主要受力构件所采用的钢材；

④ 设计有复验要求的钢材；

⑤ 对质量有疑义的钢材。

检查数量：全数检查；检验方法：检查复验报告。

钢材厚度及允许偏差应符合其产品标准的要求。检查数量：每一品种、规格的钢板抽查 5 处。检验方法：用游标卡尺量测。

钢材的表面外观质量除应符合国家现行有关标准的规定外，尚应符合下列规定：

① 当钢材的表面有锈蚀、麻点或划痕缺陷时，其深度不得大于该钢材厚度负允许偏差值的 1/2；

② 钢材表面的锈蚀等级应符合现行国家标准《涂装前钢材表面锈蚀等级和除锈等级》GB 8923 规定的 C 级及 C 级以上；

③ 钢材端边或断口处不应有分层、夹渣等缺陷。

检查数量：全数检查；检验方法：观察检查。

（2）水泥

同一厂家、同一品种、同一强度等级编号为一批。取样数量为 12kg。从 20 个不同部位取等量样品混匀。

（3）普通混凝土用砂

以 400m³ 为一批（用大型工具运输的）；按同产地，同规格分批检验；取样数量 20～50kg。取样部位应均匀分布，大致相等的砂共 8 份，组成一组样品。

（4）普通混凝土用碎石或卵石

以 400m³ 为一批（用大型工具运输的）；按同产地、同规格分批检验；每批取样数量为 200～500kg。取样部位应均匀分布，抽取 15 份组成一组样品。

（5）焊接材料

1）焊接材料的品种、规格、性能等应符合现行国家产品标准和设计要求。检查数量：全数检查。检验方法：检查焊接材料的质量合格证明文件、中文标志及检验报告等。

2）重要钢结构采用的焊接材料应进行抽样复验，复验结果应符合现行国家产品标准和设计要求。检查数量：全数检查。检验方法：检查复验报告。

3）焊条外观不应有药皮脱落、焊芯生锈等缺陷；焊剂不应受潮结块。检查数量：按量抽查 1%，且不应少于 10 包。检验方法：观察检查。

1.3 施 工 测 量

施工测量的目的是将图纸上设计的建筑物的平面位置、形状和高程标定在施工现场的地面上，并在施工过程中指导施工，使工程严格按照设计的要求进行建设。

由于冶炼生产工艺复杂，工艺流程长，厂区建筑物、构筑物多，必须严格控制其相对位置和标高，才能使它们建成后能够衔接成整体，保证生产流水线连续高速运行。施工测量的进度与精度直接影响着施工的进度和质量。

1.3.1 控制测量

施工测量要遵循"由整体到局部、先高级后低级、先控制后放样"的原则组织实施。冶炼工程的施工测量，应先在施工区域内布设测量控制网，作为施工放线和变形观测的依据。

在测区范围内按一定的规律和要求，测设若干有控制意义的控制点，相邻控制点能够互相通视，由此构成的网状几何图形称为测量控制网。控制网具有控制全局、限制测量误差累积的作用，是各项测量工作的依据。

测定控制点位置的工作，称为控制测量。测定控制点平面位置（x、y 坐标位置）的工作，称为平面控制测量。测定控制点高程（H）的工作，称为高程控制测量。

控制测量通常由专业测量技术人员负责，工程项目负责人应对这项工作有所了解。

（1）平面控制测量

平面控制网由平面位置（x、y 坐标位置）控制点构成，是建筑物定位的基本依据。平面控制网一般布设成两级，即首级控制网和加密控制网。首级控制网又称为场区平面控制网，首级控制点相对固定，布设在施工场地周围不受施工干扰，地质条件良好的地方，并要加以保护。加密控制网又称为建筑物平面控制网，加密控制点直接用于测设建筑物的轴线和细部点。根据整体控制局部、高精度控制低精度的原则，以场区平面控制网控制建筑物平面控制网。

1）场区平面控制网

冶炼工程一般都要测设场区平面控制网，作为场区的整体控制，它是建筑物平面控制的上一级控制，应结合建筑物平面布置的图形特点来确定这种控制网的图形，可布置成十字形、田字形或多边形的建筑方格网。

建筑方格网应在场区平整完成后在总平面图上进行设计，其设计原则如下：

① 方格网的主轴线应尽可能选择在场区的中心线上（宜设在主要建筑物的中心轴线上）。其纵横轴线的端点应尽量延伸至场地边缘，既便于方格网的扩展又能确保精度均匀。

② 方格网的顶点应布置在通视良好又能长期保存的地点。

③ 方格网的每个方格的边长不宜太长，一般小于 100m，为便于计算和记忆，宜取 10m 的倍数。

④ 轴线控制桩应尽量投测在方格网边上。

⑤ 方格网全部施测完成后，采用将所有建筑物一次性定位的方法来检验其准确性，对于未进行平差的方格网是一种较好的检验方法。

建筑方格网的测设方法是先测设主轴线，后加密方格网，并按导线测量进行平差。

2）建筑物平面控制网

建筑物平面控制网是建（构）筑物定位和施工放线的基本依据，它是场区内的二级平面控制。建筑物平面控制网的图形，可以是一字形基线（两个控制点组成的）、十字形控制网或平行于建筑物外廓轴线的其他图形。

3）平面控制测量的方法

平面控制测量的方法有：三角测量法、导线测量法、三边测量法和边角测量法等。

平面控制网的等级划分：三角测量、三边测量依次为二、三、四等和一、二级小三角、小三边；导线测量依次为三、四等和一、二、三级。各等级的采用，根据工程需要，均可作为测区的首级控制。

平面控制网的坐标系统，应满足测区内投影长度变形值不大于 2.5cm/km。

4）平面控制测量的常用测量仪器

① 光学经纬仪（如：苏光 J_2 经纬仪等）——测量水平角度和竖直角度的测量仪器，主要用于测量纵、横轴线（中心线）以及垂直度的控制测量；借助水准尺，利用视距测量原理，也可以测量两点之间的水平距离与高差等。

② 全站仪（如：NIKON DTM-530E 等）——由电子经纬仪、光电测距仪和数据记录装置组成，用于水平距离测量，可以同时显示两点之间的斜距、高差和点的坐标、高程等。

测量仪器必须经过检定且在检定周期内方可投入使用。

（2）高程控制测量

高程控制网由高程（H）控制点构成，是场区内地上、地下建（构）筑物高程测设和传递的基本依据。

测区的高程系统，宜采用 1985 年国家高程基准。在已有高程控制网的地区进行测量时，可沿用原高程系统。当小测区联测有困难时，亦可采用假定高程系统。

高程控制网的等级划分：依次为二、三、四、五等。各等级视需要，均可作为测区的首级高程控制。

高程控制测量的方法有：水准测量、电磁波测距三角高程测量。常用水准测量法。

1）水准测量法的主要技术要求如下：

① 各等级的水准点，应埋设水准标石。水准点应选在土质坚硬、便于长期保存和使用方便的地点。墙水准点应选设于稳定的建筑物上，点位应便于寻找、保存和引测。一个测区及其周围至少应有 3 个水准点。水准点之间的距离，一般地区应为 1～3km，工厂区宜小于 1km。

② 水准观测应在标石埋设稳定后进行。

③ 两次观测高差较差超限时应重测。二等水准应选取两次异向合格的结果。当重测结果与原测结果分别比较，其较差均不超过限值时，应取三次结果的平均数。

2）水准测量常使用的仪器及水准尺有：S3 水准仪；5m 铝合金塔尺等。

所使用仪器及水准尺，应符合下列规定：

①水准仪视准轴与水准管轴的夹角，DS1 型不应超过 15″；DS3 型不应超过 20″；

②水准尺上的米间隔平均长与名义长之差，因瓦水准尺不应超过 0.15mm；双面水准尺不应超过 0.5mm。

1.3.2 冶炼工程施工测量的任务与方法

（1）冶炼工程施工测量的一般任务

施工测量本着为施工服务的宗旨，一般要随着施工的进程完成下列测量任务，并请测量监理工程师复核：

1）根据施工图纸进行建筑物定位放样；

2）桩基工程的桩定位和复查；

3）对土方工程进行标高控制，挖土方量较大项目，必要时进行原土标高的复检。

4）建、构筑物基础垫层标高和各轴线放样；

5）厂房柱基础中心直线度、柱间距离、标高检查；

6）建筑物±0.000标高及轴线放样；

7）高耸型建（构）筑物（如烟囱、水塔等）垂直度的控制、检查；

8）厂房钢结构柱的垂直度抽检；

9）设备基础的中心线、标高及主要外形尺寸放样；

10）设备安装基准线和标高基准点放样；

11）重要地脚螺栓的定位和复查；

12）重要建（构）筑物和设备基础的沉降观测。

（2）厂房基础与设备基础测量

1）厂房柱基测量

现代冶炼工程多采用钢结构厂房。厂房钢结构柱基础的特点是埋置较深，因而基础坑较深；基础顶部预理地脚螺栓。柱基础的测量内容与方法有：

① 基础混凝土垫层中心线投点和抄平：用正倒镜法，先将经纬仪中心导入基础中心线内，然后投设中心点；在基础四角处测设四个标高点，据此抄平垫层混凝土面。

② 地脚螺栓固定架中心线投点与抄平；

③ 地脚螺栓标高测量；

④ 对基础模板投设中心线和标高点。

2）设备基础测量

冶炼工程设备基础的特点是体积大，体形复杂，有的连续生产线设备基础长达数百米。设备基础的定位，以及基础上众多平台、沟道和大量的预埋地脚螺栓、地脚螺栓预留孔、锚板孔等的平面位置和标高的确定，都要依赖施工测量。

设备基础的测量内容与方法有：

① 设立大型设备内控制网；

② 进行基础定位，绘制大型设备基础中心线测设图；

③ 进行设备基础底层放线；

④ 进行设备基础上层放线。

（3）设备安装基准线和标高基准点测设

1）安装基准线的测设

中心标板应在基础混凝土浇灌时，配合土建埋设；也可待基础养护期满后再埋设。放线就是根据施工图，按建筑物的定位轴线来测定机械设备的纵横中心线并标注在中心标板上，作为设备安装的基准线。平时，中心标板应设盖保护。

对于连续生产线设备的中心线，要在设备基础上埋设必要数量的中心标板，依据在设备基础开挖前布设的测量基准线，采用经纬仪将设备的纵横中心线投设到中心标板上，刻出细线作为标志，以此作为联动设备安装时的纵横中心线进行控制。若因设备本身形成障碍，不便直接对设备安装中心线进行测设，可以在设备中心线侧边一定距离测设一条平行线（投点在架设于两端的门形架上，平行线两端线距偏差应在0.4mm以内），作为辅助中心线，以此来控制设备中心线。

2）安装标高基准点的测设

安装标高基准点一般埋设在基础边缘且便于观测的位置。根据厂房的基准标高，测出每个基准点的标高，并标注清楚，作为安装设备时测量设备标高的依据。

（4）沉降观测

沉降观测要按相关规范进行。首先，施工单位要按照设计要求埋设沉降观测点，进行首次沉降观测并完整填写《建设工程沉降观测记录表》，通知监理复测。测量监理工程师应检查沉降点的埋设情况并进行首次沉降观测复核。经检查认为观测数据准确、资料填写规范，则在记录表上签字确认。以后，民用建筑每完成1～2层，施工单位应进行一次沉降观测，专业监理人员进行复核；工业建筑根据需要定期观测，直到工程竣工。

1.4 地基加固处理

1.4.1 地基处理技术概述

（1）常用地基处理技术

地基处理是指对建筑物和设备基础下的地基土受力层进行提高其强度和稳定性的强化处理，改善或加固地基的状态，使之符合工程要求。冶炼工程常用地基处理技术见图1-2。

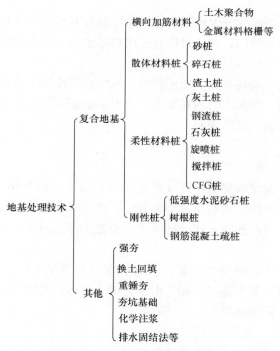

图1-2 常用地基处理技术

（2）处理后的建筑地基应达到的要求

处理后的建筑地基应达到以下几方面要求：

1）强度——地基土在上部结构的自重及外荷载的作用下，不发生局部或整体剪切破坏。

2）变形——地基土在上部结构的自重及外荷载的作用下，不致产生过大的沉降变形，特别是超过建筑所能容许的不均匀的沉降变形。

3）动力稳定性——地基土在动力荷载（如地震）作用下，不致发生液化、失稳和震陷等灾害。

4）透水性——地基土中的地下水不会由于施工而造成渗流，形成动水压力，而发生漏土、流砂、边坡滑动等事故。

5）特殊土地基安定性——湿陷性黄土、膨胀土、内陆性盐渍土等特殊土地基性状得到改善，其上的建筑物不会由于不良土性而发生损坏。

1.4.2 排水固结法技术要点

排水固结法包括堆载预压法和真空预压法。

（1）堆载预压法

1）堆载预压加固原理

通过在原状土上预先堆置相当于建筑物重量的荷载，使土中水排出，以预先完成或大部分完成地基沉降，并通过地基土的固结以提高地基承载力。

2）适用范围

该方法适用范围是淤泥、淤泥质土、冲填土等饱和黏性土及杂填土；对于厚的泥炭层应慎重对待。为缩短固结时间，可设置砂井或塑料排水板。最大加固深度 20m。

3）特点

该方法对各类软弱地基均有效，使用材料、机具、方法简单直接，施工操作方便，但堆载预压需要一定时间，对深厚的饱和软土，排水固结所需的时间长，同时需要大量堆载材料，因此在使用上受到一定的限制。

（2）真空预压法

1）真空预压加固原理

通过在软土地基上铺设砂垫层，并设置竖向排水通道（砂井塑料排水板），再在其上覆盖不透气薄膜形成密封层，然后用真空泵抽气，使排水通道保持较高的真空度，在土的孔隙中产生的孔隙水压力，孔隙水逐渐被吸出从而使土体达到固结。

2）适用范围

该方法适用于软黏土、冲填土地基。一般能取得相当于 $78 \sim 92$kPa 的等效荷载堆载预压的效果。加固深度一般不超过 20m，但不适用于在加固范围内有足够的水源补给的透水层，以及无法加载的倾斜地层。

3）特点

该方法不需要大量的堆载，可省去加载和卸载工序，节省大量原材料、能源和运输能力，缩短预压时间；真空法所产生的负压使地基的孔隙水加速排出，可缩短固结时间；同时由于孔隙水排出，渗透速度增大，地下水位降低，由渗流力和降低水位引起的附加压力也随之增大，提高加固效果；且负压可通过管道作用到任何场地，适应性强。预压可一次加荷载，可有效缩短总的排水固结时间。设备简单，便于大面积施工，无噪声、无振动、无污染，技术经济效果显著。

1.4.3 注浆加固法技术要点

注浆加固法包括深层搅拌法和旋喷注浆法。

（1）深层搅拌法

1）深层搅拌法的加固原理

利用水泥浆等材料作为固化剂，通过深层搅拌机在地基深部就地将软土和固化剂强制搅和，使软土硬结而提高地基承载力。

2）适用范围

本法适用于加固较深厚的淤泥、淤泥质土、黏土和含水量较高且地基承载力不大于120kPa的黏性土地基，对超软土效果更为显著。多用于墙下条形基础和大面积厂房，在深基开挖时用于防止坑壁及边坡坍滑、坑底隆起，以及作为地下防渗墙等。

3）特点

加固过程中无振动、无噪声，对环境无污染；对土无侧向挤压，对邻近建筑物影响很小；施工工期较短，造价低廉，效益显著。

（2）旋喷注浆法

1）旋喷注浆法加固原理

利用钻机把带有特殊喷嘴的注浆管钻进到土层的预定位置，然后钻杆以一定的速度旋转，并低速徐徐提升，与此同时用高压脉冲泵将水泥浆液通过钻杆下的喷射装置，向四周以高速水平喷入土体，借助流体的冲击力切削土层，使四周一定范围内的土体结构受到破坏，并被强制与水泥浆充分搅拌混合，胶结硬化后即在地基中形成直径比较均匀、具有一定强度的圆柱体，从而使地基得到加固。

2）适用范围

该方法适用于淤泥、淤泥质土、黏性土、砂土、湿陷性土、人工填土及碎石土等的地基加固；可用于基坑侧壁挡土或挡水、基坑底部加固，防塌陷与隆起；也可用于坝的加固与防水帷幕等工程。但对含有较多大块石、坚硬黏性土、大量植物根基或过多有机质的土层及地下水流过大、喷射浆液无法在注浆管周围凝聚的情况，不宜采用。

3）特点

可提高地基的抗剪强度，改善土的变形性质，使其在上部结构荷载作用下不产生破坏和较大的沉降；利用小直径钻孔喷成大 $8\sim10$ 倍的大直径固结体；可通过调节喷嘴的旋喷速度及提升速度、喷射压力和喷浆量，旋喷成各种形状桩体；可制成垂直桩、斜拉或连续墙，并获得需要强度。可用于已有建筑物地基加固而不扰动附近土体，施工噪声低、振动小，可用于任何较弱土层，可控制加固范围。

1.4.4 强力夯实法技术要点

强力夯实法简称"强夯法"，是将很重（一般重 $8\sim10t$，最重可达 200t）的夯锤提升到足够的高度（一般为 $6\sim30m$），令锤自由落下，对土进行强力夯实，以提高地基土承载能力，降低其压缩性的一种地基加固方法。

采用强夯法加固地基技术要点：

1）有效深度——影响有效夯实深度的因素有锤重与落距、夯击次数、地下水位和锤底单位压力等,其中锤重与落距影响最大。采用铸铁锤的有效深度要比采用混凝土锤的深。锤重用 5～7t,落距 5～9m,有效夯实深度可达 2～3.5m。

2)夯点布置——夯点位置应根据所建建筑物结构类型进行布置,并通过现场试夯确定。对较大的建筑物基础,为方便施工,可按正方形或梅花形布置夯点。

3)夯击遍数——一般夯击 3～4 遍,其中前 2～3 遍采用"间夯",最后一遍为低能量"满夯",夯实效果较好。采用强夯法应尽可能减少夯击遍数,因为两遍夯击之间需要一定的间歇时间,以利于土中孔隙水压力消散,夯击遍数越多,工期越长,占用机械时间也越长,施工成本就越高。为了减少夯击遍数,应根据地基土的性质适当加大每遍的夯击能,即增加每个夯击点的夯击次数或适当缩小夯点间距,以达到在减少夯击遍数的情况下获得所需要的夯击效果。

4)锤形——夯锤底面一般为圆形,且留有足够数量的排气孔,以利于夯锤着地时坑底空气迅速排出和起锤时减少坑底吸力。排气孔直径应不小于 6mm。

强夯法加固地基设备简单,不需耗费大量的水泥和钢材,适用于细沙到砾石、黄土、粉土、黏土、泥炭、沼泽土、碎石等各种地基的加固,经济易行且效果显著。

1.5 桩 基 施 工

桩基础是建筑物或构筑物广泛采用的一种深基础形式,由若干根沉入土中一定深度的单桩,顶部用承台或梁联系起来组成。

1.5.1 常用主要桩型与施工工艺

(1)桩基的分类

1)按桩的承载性能分类,分为端承型桩和摩擦型桩;

2)按桩的使用功能分类,分为竖向抗压桩和竖向抗拔桩,水平受荷桩和复合受荷桩;

3)按桩身材料分类,分为混凝土桩,钢桩,组合材料桩;

4)按成桩方法分类,分为非挤土桩,部分挤土桩和挤土桩;

5)按桩的施工方法分类,分为预制桩和灌注桩。

(2)桩型与成桩工艺的选择

桩型与成桩工艺选择应根据建筑结构类型、荷载性质、桩的使用功能、穿越土层、桩端持力层土类、地下水位、施工环境、施工设备、施工经验、制桩材料供应条件等综合考虑,选择经济合理、安全适用的桩型和成桩工艺。

1)非挤土成桩的主要桩型

① 长螺旋钻孔灌注桩

适用于干作业法穿越一般黏性土及其填土、粉土、季节性冻土和膨胀土,以及非自重湿陷性黄土土层,地下水位以上,桩长一般小于 12m,桩端进入持力层硬黏性土或密实砂土中。

② 人工挖孔扩底灌注桩

适用于干作业法穿越一般黏性土及其填土、季节性冻土和膨胀土、非自重湿陷性黄土、自重湿陷性黄土、中间有夹硬层的土层,地下水位以上,桩长一般小于 40m。桩端进入持力层硬黏性土或软质岩石和风化岩石中。

③ 短螺旋钻孔灌注桩

适用于干作业法，穿越土层与长螺旋钻孔灌注桩基本一样，地下水位以上，桩长一般小于30m，桩端进入持力层硬黏性土或密实性砂土中。

④ 潜水钻成孔灌注桩

适用于泥浆护壁法穿越一般黏性土及其填土、淤泥和淤泥质土、粉土土层，桩端进入持力层硬黏性土或密实砂土中，不受地下水位限制，桩长一般小于50m。

⑤ 反循环钻成孔灌注桩

适用于泥浆护壁法穿越一般黏性土及其填土、淤泥和淤泥质土、粉土、非自重湿陷性黄土、中间有硬夹层或砂夹层的土层，桩端进入持力层硬黏性土、密实砂土、软质岩石和风化岩石中，不受地下水位限制，桩长一般小于80m。

2）部分挤土成桩的主要桩型

①冲击成孔灌注桩

适用于一般黏性土及其填土、碎石土中间有硬夹层或砂夹层、中间有砾石夹层的土层，桩端进入持力层硬黏性土、密实砂土、碎石土、软质岩石和风化岩石中均可。不受地下水位限制，桩长一般小于50m。

②钻孔压注成型灌注桩

适用于一般黏性土及其填土、季节性冻土膨胀土、非自重湿陷性黄土土层，桩端进入持力层硬黏性土、密实砂土中，地下水位以上，桩长一般小于30m。

3）挤土成桩的主要桩型

①混凝土（预应力混凝土）预制桩

一般采用机械锤击法或振动法沉桩，适用于一般黏性土及其填土、淤泥和淤泥质土、粉土、非自重湿陷性黄土、自重湿陷性黄土、中间有硬夹层、砂夹层和砾石夹层的土层，桩端进入持力层硬黏性土、密实性砂土中，不受地下水位限制，桩长一般小于50m。

②静压桩

也是混凝土或预应力混凝土预制桩，只是采用静压法沉桩，适用于一般黏性土及其填土、淤泥和淤泥质土、非自重湿陷性黄土土层，桩端进入持力层硬黏性土、密实砂土中，不受地下水位限制，桩长一般小于40m。

1.5.2 机械打桩

（1）打桩方案选择

选择打桩方案，要考虑以下几个方面的问题：

1）打桩与挖土的先后顺序：一般的工程多选择先打桩后挖土。这种方案优点是打桩施工方便；缺点是多了个送桩环节——将桩头（桩顶）送入到土中指定的深度，挖土时不太方便，要注意不要碰坏隐埋在土中的桩头。对于面积大、桩密度高的桩基础，可以选择先挖土后打桩，先行将土方挖到基础底面标高以下，再将打桩机开到基坑里进行打桩。这种方案优点是挖土施工方便，省去了送桩环节；缺点是打桩机和桩材运输到基坑里进出不太方便，降水周期和土方开挖后基坑暴露的时间加长，还要考虑基坑底部土质是否适合作为打桩场地等因素。

2）打桩的方法：机械打桩有锤击法和振动法，前者是利用桩锤打击使预制桩沉入土中的施工方法，后者是通过振动将预制桩插入土中的施工方法。一般都是在不适合采用锤击法的情况下，才选择振动法。

3）打桩机具选择：打桩机主要有加导杆式柴油打桩机、筒式柴油打桩机。桩锤种类有：落锤、单动汽锤、双动汽锤、柴油桩锤、振动桩锤等。打桩机械应根据桩的类型、结构、密集程度及施工作业条件选定。其中单动汽锤、双动汽锤适用于打各种桩；柴油桩锤适用于打钢板桩、预制方桩、预应力管桩；振动桩锤适用于打钢板桩及钢管桩。

4）打桩顺序选择：打桩顺序应根据地基土质情况，桩基平面布置、桩的尺寸、密集程度、深度、桩可能移动的方向，以及施工现场实际情况等因素确定。对于密集群桩，应自中间向两侧方向或向四周对称施打；当一侧毗邻建筑物时，由毗邻建筑物处向另一方向施打；当基础较大时，应将桩基分段分区打设。对基础标高不一致的桩，宜先深后浅；对不同规格的桩，宜先大后小，先长后短。打桩应避免自外向内，或从周边向中间进行，以避免中间土体被挤密，桩难以打入，使邻桩侧移或上冒。在粉质黏土以及黏土地区，打桩应避免单纯按一个方向进行，以免使土向一边挤压，造成入土深度不一，土体挤密程度不均，导致不均匀沉降。若桩距大于或等于4倍桩直径，打桩顺序可按方便施工的原则来安排。

（2）打桩场地与桩材堆放

1）打桩场地应坚实、平整、排水通畅。一般天然场地应铺设20～30cm厚碎石，桩机停放场地和运行路线的地耐力应达到200～300kPa以上，不平整度不宜超过1%；

2）桩的堆放场地同样要求坚实、平整、排水通畅，各类桩堆放时应用枕木垫平，堆放方式和高度要充分考虑防止变形和断裂。钢管桩视桩径大小可堆放4～6层；混凝土桩堆放一般不宜超过4层；管桩两侧要用木楔塞住，防止滚动；管端（含焊口）要加以保护，防止损伤；吊运装卸的吊点、堆放的支点都要设在恰当的位置（距离桩的两端约0.2倍桩长）。

3）混凝土预制桩强度应达到设计强度70%以上方可起吊，达到设计强度100%以上方可运输和施打。若要提前吊运，必须采取适当措施并经质检人员同意；吊运时必须保持着桩身平稳，轻起轻放，无大的振动；吊点与垫木应保持在同一断面位置，且各层垫木应上下对齐。

4）打桩完成后要及时回填送桩孔洞或在其上加盖安全网，以免发生人身安全事故。

（3）钢筋混凝土预制桩（包括管桩）施工

1）工艺流程见图1-3。

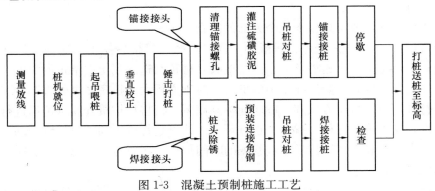

图1-3　混凝土预制桩施工工艺

2）施工准备

① 学习、熟悉桩基础施工图，进行自审、会审，编制施工方案及安全、质量保证措施，进行技术交底；

② 清理现场障碍物，保证桩机和运桩车辆进出道路畅通，做好临时水电铺设以及现场排水设施；

③ 按桩基设计图纸进行桩基定位测量放线；

④ 检查预制桩的质量；

⑤ 进行桩机设备组立和试桩。

3）桩停止锤击的控制原则

桩端位于一般土层时，以控制桩端设计标高为主，贯入度可作参考；桩端遇到坚硬、硬型的黏性土、中密以上黏土、砂土、碎石类土或风化岩时，以贯入度控制为主，桩端标高可作参考；贯入度达到规定要求而桩端未达到预定标高，应继续锤击，按每 10 击的贯入度不大于设计规定的数值加以确认；必要时对贯入度的控制应通过试验与有关单位会商确定，并作好试桩记录。

4）混凝土预制桩接桩方法

常用接桩方式有焊接、法兰连接及硫磺胶泥锚接。前两种可用于各类土层，硫磺胶泥锚接适用于软土层，对于一级建筑物桩基或承受拔力的桩要慎重选用。

5）常见质量通病

混凝土预制桩施工常见质量通病有：桩身断裂，桩顶碎裂，桩顶位移，桩身倾斜，接桩脱裂，沉桩深度达不到设计要求等，施工时必须采取措施加以预防。

（4）钢桩施工

1）工艺流程见图 1-4。

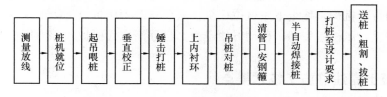

图 1-4　钢桩施工工艺流程

2）钢桩（钢管桩、H 形钢桩及其他异型钢桩）制作要求

① 制作符合设计规范及要求，材料有合格证和试验报告；

② 钢桩分段长度符合要求，满足施工机具作业条件，并应避免桩尖在接近或处于硬持力层时接桩，每节桩长度不宜大于 15m；

③ 用于地下水有侵蚀的地区或腐蚀性土层的钢桩，应按设计要求作防腐处理。

3）接桩焊接施工控制要点

① 钢桩端部焊区的浮绣、油等脏物必须清理干净，保持干燥，下节桩顶经锤击变形的部分应割除；

② 上下节桩焊接时应校正垂直度，对口间隙为 2～3mm；

③ 焊丝（自动焊）或焊条应烘干；

④ 施焊应对称进行；

⑤ 焊接应采用多层焊，钢管桩各层焊缝的接头应错开，焊渣应清除；

⑥ 禁止在低于 0℃ 或雨雪天且无可靠措施确保焊接质量的工作环境中作业；

⑦ 桩头焊接完毕，应冷却 1min 后方可施锤；

⑧ 焊接质量应符合国家现行规范要求；

⑨ H 形钢桩接头处，应加连接板，并按等强设置。

1.5.3 静力压桩

静力压桩是利用压桩机架自重和配重用静压力将预制桩压入土中的沉桩方法，它适用于软土、淤泥质土，沉没截面小于 40cm×40cm 以下，桩长 30～35m 左右的钢筋混凝土桩或空心桩。这种方法除了要使用专用设备之外，具有无噪声、无振动、无冲击力、施工应力小等特点，可以减少打桩振动对地基和邻近建筑物的影响，桩顶不易损坏，不易产生偏心沉桩，可以节约制桩材料和降低工程成本，且能在施工中测定桩阻力，为设计、施工提供有用的参数，预估和验证桩的承载能力。

静力压桩机有机械式和液压式两种。

（1）机械式静力压桩机利用桩架及附属设备的重量、配重，通过卷扬机的牵引，由钢丝绳滑轮组和压梁的共同作用，将整个压桩机的重量传至桩顶，将桩逐节压入土中。

压桩时，将首节桩压入土中至桩顶露出地面 2m 左右，将第二节桩接上，要求接桩的弯曲度不大于 1%，然后继续压入。如此反复操作至全部桩段压入土中。机械式静力压桩机体积庞大，相当笨重，操作比较复杂，压桩速度较慢，工作效率较低，运输安装移动不便。

（2）液压式静力压桩机由压桩机构、行走机构及起吊机构三部分组成。压桩时，用起吊机构将桩吊入到主机压桩位置，用液压夹桩器将桩头夹紧，开动压桩油缸将桩压入土中，接着回程吊上第二节桩，用硫磺胶泥接桩后，继续压入，反复操作至全部桩段压入土中。然后开动行走机构，移至下一桩位压桩。液压式静力压桩机施压部位在桩的侧面，送桩定位方便快速，压桩效率高，移动方便迅速，已逐渐取代机械式静力压桩机。

1.5.4 混凝土灌注桩施工技术要点

（1）工艺流程

混凝土灌注桩就是用机械或人工方法在土层中形成桩孔，在孔中插入钢筋笼，然后灌注混凝土，硬化后形成有一定承载能力的桩。机械成孔灌注桩的一般工艺流程见图 1-5。

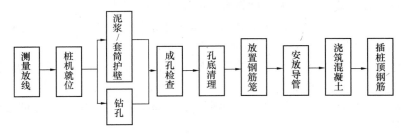

图 1-5　混凝土灌注桩施工工艺

（2）施工机械选择

机械成孔灌注桩使用的成孔机械主要有潜水钻、回转钻（正反循环）、冲抓钻、冲击钻等。其中，潜水钻适用于黏土、淤泥、淤泥质土、砂土、强风化岩、软质岩地质；回转钻适用于砾石类土、砂土、黏性土、粉土、强风化岩、软质与硬质岩地层；冲抓钻适用于碎石类土、砂土、砂卵石、黏性土、强风化岩地层；冲击钻适用于各类土层及风化岩、软质岩地层。

（3）灌注桩成孔深度控制

灌注桩的长度取决于桩孔的深度。摩擦桩以设计桩长控制成孔深度；端承摩擦桩必须保证设计桩长及桩端进入持力层深度。

采用锤击沉管成孔时，摩擦桩的桩管入土深度以标高控制为主，以贯入度控制为辅；端承桩桩管入土深度以贯入度控制为主，设计持力层标高对照为辅。

采用挖掘成孔时，必须保证桩孔进入设计持力层的深度。

（4）泥浆护壁成孔灌注桩

泥浆护壁成孔灌注桩就是在成孔时将一定密度的泥浆灌入桩孔中，利用泥浆的侧压力支护孔壁以防止坍塌，同时借助泥浆的循环携带土渣排出，由此形成一定深度的桩孔，然后放入钢筋笼，通过导管灌注水下混凝土，硬化后形成连续密实的混凝土桩身。泥浆在成孔过程中的作用是：护壁、携渣、润滑和冷却（成孔钻头），尤以护壁作用最为主要。

泥浆护壁成孔灌注桩的成孔方法有冲击钻成孔法、冲抓钻成孔法、回转钻成孔法和潜水电钻成孔法等，其特点分述如下：

1）冲击钻成孔法

设备构造简单，适用范围广，操作方便，所成孔壁较坚实、稳定，坍孔少，不受施工场地限制，无噪声和振动影响；同时存在掏泥渣费工费时，不能连续作业，成孔速度慢，泥渣污染环境，孔底泥渣难以掏尽，导致桩承载力不够稳定等问题。

2）冲抓钻成孔法

设备也简单，操作方便，适用于一般较松散黏土、粉质黏土，砂卵石层及其他软质土层成孔，所成孔壁完整，能连续作业，生产效率较高；但也存在泥渣污染环境问题。

3）回转钻成孔法

可适用各种地质条件、各种大小孔径和深度，护壁效果好，成孔质量可靠，施工无噪声、无振动，机具设备简单、操作方便，费用较低；但成孔速度慢、效率低，用水量大，泥浆排放量大，污染环境，扩孔率较难控制。

4）潜水电钻成孔法

钻机设备定型，体积较小，重量轻、移动灵活，维修方便，成孔精度和效率高、质量好，扩孔率低，成孔率100%，钻进速度快，施工无噪声、无振动，操作简便、劳动强度低；但设备较复杂，费用较高。

（5）套管成孔灌注桩

套管成孔灌注桩又称沉管灌注桩，是先将带有桩尖的钢制桩管沉入土中，在钢管内放入钢筋骨架，然后一边灌注混凝土，一边拔出钢管而形成混凝土灌注桩。按沉（套）管工艺的不同，分为振动沉管灌注桩和锤击套管灌注桩两种。

沉管灌注桩的特点是：能适应复杂地层，不受持力层起伏和地下水位高低的限制；采用复打或复振的办法，能用小桩管打出大截面桩，具有较高的承载力；对砂土，可减轻或消除地层的地震液化性能；有套管护壁，可防止坍孔、缩孔、断桩，质量可靠；振动影响及噪声对环境的干扰比常规打桩小；能沉能拔，施工速度快，效率高，操作简便、安全，费用较低，但养护周期长。

（6）干作业螺旋钻成孔灌注桩

干作业成孔灌注桩特点是用螺旋钻机钻孔，不用泥浆和套管护壁；施工无噪声、无振动，对环境无泥浆污染；机具设备简单，速度快；施工准备工作少、占地少，技术容易掌握、速度快，可降低施工成本等。但只适用于地下水位以上的填土、黏性土、粉土和粒径不大的砾砂层。吊放钢筋笼时要缓慢并保持垂直，防止放偏刮土下落；灌注混凝土时也要注意不可压塌或损坏桩孔。

（7）人工挖土灌注桩

人工挖土灌注桩是采用人工挖掘方法成孔，然后安放钢筋笼，灌注混凝土而成桩。

为保证人工挖孔过程的安全，必须采取防止孔壁土坍塌的支护措施。常用的支护措施有：现浇混凝土护壁、喷射混凝土护壁、波纹钢模板工具式护壁等。

人工挖土灌注桩的桩身直径除了要满足设计承载力的要求外，还要考虑人工操作的要求，故桩径不宜小于 800mm，一般为 800～2000mm。桩端有扩底或不扩底两种。根据桩端土的情况，扩底直径一般为桩身直径的 1.3～2.5 倍。

人工挖土灌注桩可穿越各种土层，桩底必须进入设计持力层；大桩径加上扩底，承载能力大；无需专用机械，成本较低，但安全问题比较突出。

1.6　深基坑支护

冶炼工程的大型设备基础坑深而且大，有些地下构筑物的施工也要开挖深坑，由于施工场地的限制，不能采用放坡开挖的方案，深坑周边的支护就显得尤其重要，成为保障施工安全和施工顺利进行的关键。

1.6.1　深基坑支护结构的常用形式

深基坑常用的支护形式有加固型和支撑型两种。加固型支护主要有水泥土重力式支护、土钉墙等；支护型支护主要有悬臂支护系统、带撑（锚）桩支护系统、双排桩门架式支护系统等。

（1）水泥土重力式支护结构

水泥土重力式支护结构常采用深层搅拌法形成，有时也采用高压旋喷法。它是由数排水泥土桩排列在一起相互搭接而成，具有较大厚度，与其包围的天然土体形成重力式挡墙，支挡周围土体并保持基坑边坡稳定。水泥搅拌重力式挡墙常用于基坑侧壁安全等级宜为二、三等级的软黏土地区，开挖深度在 6m 以内的基坑工程；采用高压旋喷法施工则可以在砂类土中形成水泥土挡墙。

（2）悬臂式支护结构

悬臂式支护结构常采用不设内撑和锚杆的钢筋混凝土排桩墙、钢板桩、地下连续墙等形式。钢筋混凝土桩常采用钻孔灌注桩、人工挖孔桩、沉管灌注桩及与预制桩，一般在桩顶设压顶梁以增强整体性。悬臂式支护结构依靠足够的入土深度和结构的抗弯能力来维持整体稳定和结构安全，适用于基坑侧壁安全等级为一、二、三级、开挖深度较浅的基坑工程。

（3）内撑支护结构

当开挖较深、土质较软或基坑邻近建筑物密集时，重力式和悬臂式支护将不能满足结构强度和抗基坑变形的要求，在这种情况下常采用内撑式支护结构。内撑式支护结构由支护结构体系和内支撑体系两部分组成。支护结构常采用钢筋混凝土排体桩和地下连续墙等形式。内支撑体系采用水平支撑和斜支撑，其中水平内支撑又包括对撑、斜角撑和圆环梁支撑等形式。内支撑支护结构适用范围广，可适用各种土层和各种基坑深度。

（4）拉锚式支护结构

拉锚式支护结构由支护结构体系和锚固体系组成。其支护结构与内撑式支护结构体系相同，常采用钢筋混凝土排体桩和地下连续墙形式。锚固体系可分为锚杆式和地面拉锚式。地面拉锚式锚固体系需要有足够的场地设置锚桩或锚固物；锚杆式锚固体系需要地基土能提供较大的锚固力，一般适用于砂土或黏土地基，而在软黏土中很少使用。

（5）土钉墙支护结构

土钉墙支护结构是一边开挖基坑，一边在土坡中设置土钉，在坡面上铺设钢筋网并通过喷射混凝土形成混凝土面板，从而形成加筋土重力式挡墙，起到挡土作用。土钉墙支护适用于基坑侧壁安全等级为二、三级基坑，地下水位以上或人工降水后的黏性土、粉土、杂填土，一般不适用于淤泥质土及地下水位以下且未经降水处理的土层，周围管线密集的基坑也应慎用。

（6）双排桩门架式支护结构

在较深基坑中，为方便坑内挖土施工，缩短工期，常采用双排钢筋混凝土灌注桩，压顶梁和连系梁形成空间门架式支护结构体系，仍属悬臂型。但支护深度比悬臂式结构深。

1.6.2　地下连续墙施工技术要点

地下连续墙是建造深基础工程和地下构筑构的一项新技术，它是在地面上采用专门挖槽机械，沿着深开挖工程（基坑）的周边轴线，在泥浆护壁的条件下，开挖出一条狭长的深槽，清槽后在槽内放入钢筋笼，然后用导管灌筑水下混凝土，筑成一个单元槽段，如此逐段进行，再以特殊方式，将单元槽段连接起来，在地下筑成一道连续的钢筋混凝土墙壁，作为截水、防渗、承重、挡土结构。

地下连续墙有桩排式连续墙和壁式连续墙两大类。

（1）地下连续墙具有以下特点：

1）刚度大，强度高，可承重、挡土、截水、抗渗，耐久性能好；

2）用于在密集建筑群中建造基础，对周围基础无扰动，不用排除地下水，可用于狭小的施工现场；

3）机械化施工程度高，土方开挖量小，施工效率高，可缩短工期；

4）地面作业，施工操作安全；

5）挖槽机自动化程度高，能保证成槽尺寸，垂直度，表面平整、光滑；

6）可用于多种地质条件，包括淤泥、黏性土、冲积土、砂性土及粒径50mm以下的砂砾层中施工，深度可达50m。但不适于基岩地段和含承压水高的细粉砂地层或很软的粉性土层使用；

7）地下连续墙使用设备多，一次性投资高，施工工艺复杂，技术要求高，对施工队伍技术水平要求较高。

（2）适用范围

地下连续墙适用于建筑物地下室、地下油库、挡土墙、高层建筑的基础、工业建筑的深地坑、竖井；也适用于邻近建筑物基础的支护。

（3）施工工艺流程

以壁式地下连续墙为例，施工工艺流程如下：

施工准备→导墙施工→槽段开挖→泥浆制配及应用→清底排渣→钢筋笼制作与安装→混凝土浇筑→接头技术措施

（4）地下连续墙的支撑

地下连续墙的支撑常采用内撑体系，有平面支撑体系和竖向斜撑体系。

1.7 设备基础施工

1.7.1 设备基础施工概述

冶炼工程有许多大型设备基础，其特点是：体积庞大、造型复杂、工程量大、工序多；埋设铁件种类多，数量大；施工精度高、质量要求严；施工周期长，施工用料、机具、劳动力耗用多等。

（1）施工方案

1）敞开式施工方案

该方案又称开口式施工，是先施工大型设备基础，后施工厂房；或先施工设备基础和厂房基础，后吊装厂房结构。

2）封闭式施工方案

该方案又称闭口式施工，是先吊装完厂房主体结构，再施工大型设备基础。

3）综合施工方案

上述两种方案的结合，根据具体情况选用。

（2）施工程序

大型设备基础施工的一般程序如下：

放线定位→人工降水→开挖基础土方→浇筑混凝土垫层→安装基础外模板→安装底板钢筋→安装地脚螺栓固定架和地脚螺栓或套筒→安装外模板→安装侧面钢筋→埋设预埋管道或套管→安装内模板、埋设件及接地电缆等→调整固定地脚螺栓→安设顶面钢筋及其余模板→浇筑混凝土→保温、养护→做防水层、回填。

1.7.2 土方开挖

大型设备基础占地面积大，埋设深，土方量大，因此合理开挖基坑土方是保证工程进度、质量，降低工程造价的一个重要环节。

（1）施工方案

土方开挖施工方案与设备基础施工方案相关，也有三种方案，即敞开式、封闭式和综合式。综合式是在结构吊装前先开挖一部分土方，达到一定标高，再进行厂房吊装，而后再继续挖土施工。也可根据基础设计功能、伸缩缝与土方开挖区段，将设备基础群横向分割，按照单体基础的排列顺序逐个开挖。

基坑土方开挖程序一般是：测量放线→人工降水→分层开挖→修坡→整平。要预留足够施工土层，以免扰动基底土层。

（2）施工要点

设备基础土方开挖一般采用大开口方式，以机械挖为主，人工挖掘配合。

1）挖土机械设备应根据基础形式，开挖范围、深浅、土方量和现场实际情况等条件来选择；

2）土方开挖应绘制土方开挖图，确定开挖路线、顺序、范围、基底标高、边坡坡度，以及排水沟、集水井的设置等；

3）大面积基础基坑底标高不一，机械开挖次序一般采取整片挖至某一设计标高，然后再分别开挖较深的部位；当一次开挖深度超过挖土机最大挖掘深度时，宜分二、三层开挖，并修筑坡道，以便挖土及运输车辆进出；

4）基础边角部，机械挖掘不到之处，应用人工配合清坡；

5）机械开挖应由深到浅，基底必须留 300mm 厚一层由人工清土找平，以避免超深和基底土遭受扰动。

1.7.3　大体积混凝土施工技术要点

（1）概述

大型设备基础体积庞大，形状复杂，整体性要求严格，属于典型的大体积混凝土。大型设备基础混凝土施工除了一般的混凝土施工技术问题之外，还要注意大体积混凝土施工特有的一些技术问题。为确保混凝土浇筑顺利进行和不出质量事故，施工前应认真研究解决好混凝土的配料、搅拌、运输、下料、捣固、养护等各个环节的技术问题，以及浇筑程序、现场布置、运输道路、车辆调配、劳动力组织和整个过程的质量控制等一系列管理问题，制定详细的施工组织与技术方案。

（2）混凝土浇筑施工强度的确定

混凝土施工规范规定，分层浇筑混凝土时，两层之间的时间间隔不能超过混凝土的初凝时间。这就决定了每层混凝土应该浇筑完成的时间。根据基础最大水平浇筑面积、分层浇筑的厚度和每层浇筑时间，可以计算出基础混凝土最大浇筑强度，即每小时须浇筑多少立方米混凝土：

$$Q = \frac{A \times H}{t} \ (\text{m}^3/\text{h})$$

式中　Q——基础混凝土的最大浇筑强度（m³/h）；

　　　A——基础最大水平浇筑截面积（m²）；

　　　H——分层浇筑的厚度一般取 0.2～0.4m；

　　　t——每层浇筑时间（h），指水泥的初凝时间减去混凝土搅拌运输时间。

混凝土供应、运输和现场浇筑的机械、人力安排均要满足最大浇筑强度的需要。

在条件允许的情况下，大型设备基础混凝土分层浇筑，也可以采用阶梯形水平推进，一气呵成的方法。

（3）混凝土的运输浇灌方法

大型设备基础混凝土运输浇灌常采用的典型方法有以下几种：

1）用翻斗汽车输运浇灌；

2）用起重机吊振动吊斗浇灌；

3）用天车吊振动吊斗（罐）浇灌；

4）用多台皮带运输机联合浇灌；

5）用混凝土泵配混凝土搅拌车运输浇灌；

6）用混凝土泵输送浇灌。

（4）大型设备基础混凝土温度应力与收缩裂缝控制

1）温度应力与收缩裂缝产生的机理

由于水泥在水化硬化过程中产生热量，这种水化热聚集在混凝土内部，使大型设备基础内部温度升高，而基础表面散热较快，就会产生较大的内外温差，内外温度不同热胀冷缩的程度不同，导致基础产生内部压应力和表面拉应力，这种应力超过当时混凝土的抗拉强度时，混凝土表面就可能产生裂缝；混凝土在硬化过程中，一般也会在表面产生微小的干缩裂缝；同时，随着水化热的散发，设备基础逐步冷却而收缩，当基础结构受到地基的约束或结构边界受到外部约束时，又在基础内部产生拉应力，可能导致在基础底面交界处产生收缩裂缝——外约束裂缝。当情况严重时，温度应力裂缝、干缩裂缝和外约束裂缝叠加，就可能导致设备基础产生有害的贯穿性裂缝。

2）控制温度应力裂缝的技术措施

①减少混凝土中水泥的水化热

减少混凝土中水泥的水化热，就可以减少设备基础内部的温度升高。减少水化热的具体措施有：采用中低热水泥配制混凝土；采取合理配料优选配合比、掺加减水剂或缓凝型减水剂、掺加粉煤灰、掺加块石、充分利用混凝土后期强度等措施，减少水泥用量；还可以在基础内部预埋水管通循环水降温等。

②降低混凝土浇筑入模温度

选择较低温度季节和时间浇筑混凝土，减少外部热源，降低搅拌温度，快速薄层浇筑混凝土，加强基坑内通风散热。

③改善约束条件

采用合理分段（层）分块浇筑，在基础底部设置滑动层或缓冲层。

④提高设备基础的扩拉能力

配置优质混凝土，合理配置钢筋，改进构造设计，避免应力集中，适当设置伸缩缝、后浇缝。

⑤加强混凝土内外温差控制和管理

合理制定温控指标，做好混凝土的保温养护，控制浇筑体内外温差；制定合理的养护制度和拆模时间，实行情报、信息化施工。

⑥采用 UEA 料补偿收缩混凝土

利用补偿收缩避免降温与干缩应力叠加，采取双控应力计算，采用温差—温度应力双控措施。

1.7.4 地脚螺栓施工技术要点

（1）概述

地脚螺栓安装是冶炼工程设备基础施工的关键技术之一，设备就是依靠地脚螺栓固定在基础上，地脚螺栓安装精度直接影响到设备安装精度。冶炼工程设备地脚螺栓类型多，密集，量大，安装精度要求高，往往要埋设在多个不同标高，要求一次埋设完成。

地脚螺栓埋设主要采用各种固定架安装固定，称为一次埋入法（小直径的地脚螺栓也可采用直接固定法埋设，即固定在钢筋或大型模板上）；也可以预留孔洞，安装设备时再安装地脚螺栓并灌浆固定，称为二次灌浆法。

固定架一般由支承架和固定框两部分组成，其作用是：固定地脚螺栓，保证达到设计要求的安装精度，在施工过程中不发生位移。在一定条件下，固定架还可以支承（吊挂）内外模板、各种管道、金属预埋件及基础顶面和侧面钢筋，支承钢筋混凝土浇筑平台，代替部分脚手架。固定架一般用钢材制作。

（2）设备基础地脚螺栓形式

设备基础地脚螺栓的类型，分为在设备检修时不能更换的死螺栓和可更换的活螺栓两种。

1）死地脚螺栓又有如下形式：直钩螺栓，弯钩螺栓，弯折螺栓，直杆螺栓，U形螺栓，爪式螺栓，锚板螺栓等。

2）活地脚螺栓分又有如下形式：T形头螺栓；拧入式螺栓；对拧式螺栓等。

（3）地脚螺栓安装的一般步骤和方法

1）测量放线，在混凝土垫层上布置预埋固定架铁件或插短钢筋；

2）与底板钢筋配合安装固定架；

3）通过施工测量测定固定架螺栓中心线和标高；

4）安装找正、固定地脚螺栓，焊接拉接条固定螺栓底脚；

5）用经纬仪或挂线、吊线坠检查校正螺栓相对位置、垂直度，无误后可浇筑混凝土；

6）凝土强度达到50%后，可拆除露在基础外面的固定架，清理螺栓上混凝土残渣并除锈后，表面涂抹黄油，外包布保护。

（4）螺栓安装注意事项

1）螺栓安装前应清洗掉涂在地脚螺栓表面的油脂，以保证与混凝土粘结；

2）安装螺栓时，先找正螺栓顶部的中心线位置，然后找正垂直度；

3）地脚螺栓应按顺序进行编号；

4）控制中心线应设在龙门板架上，并经常检查观测；

5）尽可能避免固定架与模板、脚手架相连；

6）混凝土浇筑时避免振动固定架和螺栓，当浇筑到螺栓长度1/3时，应对螺栓中心线进行复查；

7）螺栓安装应由专人负责，一般由机械钳工或技术等级高的木工承担并实施专项检查制度。

（5）地脚螺栓预留孔施工方法

地脚螺栓预留孔一般多采用预埋设易抽出的塞体（或预埋螺栓套筒），用固定架或木方固定于基础模板或垫层上，用钢筋固定。混凝土浇筑达到初凝后轻轻拨动，或转动塞体，在完全硬结前，借助压杆、杠杆和倒链将其拔出。

预留孔施工注意事项：

① 塞体应做成易拆的，有一定锥度，使用前应浸水 2～3min 湿润，并刷一道隔离剂。

② 预留孔的孔边到基础边缘的距离不应小于 5cm。

1.8 钢结构制作与安装

1.8.1 钢结构制作

（1）图纸转化

一般设计院提供的钢结构设计图，不能直接用来加工制作钢结构，需要考虑加工工艺要求，如公差配合、加工余量、焊接控制等因素，将原设计图转化绘制成加工制作详图。图纸转化一般由加工单位负责，根据设计院提供的设计图纸以及发包文件中规定的规范、标准和要求进行。加工制作图是沟通设计与加工的桥梁，是确定构件实际尺寸和进行划线、剪切、坡口加工、制孔、弯制、拼装、焊接、涂装、产品检查、堆放、发送等各项作业的指导书。

（2）工艺流程

钢结构制作工艺流程如图 1-6 所示。

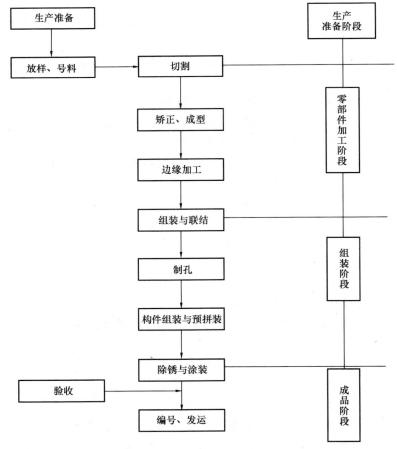

图 1-6　钢结构制造工艺流程

1）样杆、样板的制作

样板可采用厚度 0.50～0.75mm 的铁皮或塑料板制作，样杆一般用铁皮或扁铁制作，当长度较短时可用木尺杆。样杆、样板应注明工号、图号、零件号、数量及加工边、坡口部位、弯折线和弯折方向、孔径和滚圆半径等。样杆、样板应妥善保存，直至工程结束后方可销毁。

2）号料

核对钢材规格、材质、批号，并应清除钢板表面油污、泥土及脏物。号料方法有集中号料法、套料法、统计计算法、余料统一号料法四种。

若钢材外观质量不满足要求，应进行矫正。钢材和零件的矫正应采用平板机或型材矫直机进行，较厚钢板也可用压力机或火焰加热进行，应取消用手工锤击的矫正法。碳素结构钢在环境温度低于−16℃、低合金结构钢在低于−12℃时，不应进行冷矫正和冷弯曲。矫正后的钢材表面，不应有明显的凹面和损伤，表面划痕深度不得大于 0.5mm，且不应大于该钢材厚度允许负偏差的 1/2。

3）划线

利用加工制作图、样杆、样板及钢卷尺进行划线。也可采用程控自动划线机，不仅效率高，而且精确、省料。划线的要领有二条：

① 划线作业场地要在不直接受日光及外界气温影响的室内，最好是开阔、明亮、清洁的场所。

② 用划针划线比用墨尺及划线用绳的划线精度高。划针可用砂轮磨尖，粗细度可达 0.3mm 左右。当进行下料部分划线时要考虑剪切余量、切削余量。

4）切割

钢材的切割包括气割、等离子切割类高温热源的方法，也有使用剪切、切削、摩擦热等机械力的方法。要考虑切割能力、切割精度、切剖面的质量及经济性。

5）边缘加工和端部加工

方法主要有：铲边、刨边、铣边、碳弧气刨、气割和坡口机加工等。

铲边：有手工铲边和机械铲边两种。铲边后的棱角垂直误差不得超过弦长的 1/3000，且不得大于 2mm。

刨边：使用的设备是刨边机。刨边加工有刨直边和刨斜边两种。一般的刨边加工余量为 2～4mm。

铣边：使用的设备是铣边机，工效高，能耗少。

碳弧气刨：使用的设备是气刨枪。效率高，无噪声，灵活方便。

坡口加工：一般可用气体加工或机械加工，在特殊的情况下采用手动气体切割的方法，但必须进行事后处理，如打磨等。焊接质量与坡口加工的精度有直接关系，如果坡口表面粗糙有尖锐且深的缺口，就容易在焊接时产生不熔部位，将在事后产生焊接裂缝。又如，在坡口表面粘附油污，焊接时就会产生气孔和裂缝，因此要重视坡口质量。

6）制孔

在焊接结构中，不可避免地将会产生焊接收缩和变形，因此在制作过程中，把握好什么时候开孔将在很大程度上影响产品精度。特别是对于柱及梁的工程现场连接部位孔群的尺寸精度直接影响钢结构安装的精度。因此必须把握好开孔的时间，一般有四种情况：

第一种：在构件加工时预先划上孔位，待拼装、焊接及变形矫正完成后，再划线确认进行打孔加工。

第二种：在构件一端先进行打孔加工，待拼装、焊接及变形矫正完成后，再对另一端进行打孔加工。

第三种：待构件焊接及变形矫正后，对端面进行精加工，然后以精加工面为基准，划线、打孔。

第四种：在划线时，考虑了焊接收缩量、变形的余量、允许公差等，直接进行打孔。

机械打孔：有电钻、风钻、立式钻床、摇臂钻床、桁式摇臂钻床、多轴钻床、NC开孔机，等等。

气体开孔：最简单的方法是在气割喷嘴上安装一个简单的附属装置，可打出 $\phi30$ 的孔。

数控钻孔：无需在工件上划线、打样、冲眼，整个加工过程自动进行，高速数控定位，钻头行程数字控制，钻孔效率高，精度高。

制孔后应用磨光机清除孔边毛刺，并不得损伤母材。

7）组装

钢结构组装的方法包括地样法、仿形复制装配法、立装法、卧装法、胎模装配法。

地样法：用 1∶1 的比例在装配平台上放出构件实样，然后根据零件在实样上的位置，分别组装起来成为构件。此装配方法适用于桁架、构架等小批量结构的组装。

仿形复制装配法：先用地样法组装成单面（单片）的结构，然后定位点焊牢固，将其翻身，作为复制胎模，在其上面装配另一单面结构，往返两次组装。此种装配方法适用于横断面互为对称的桁架结构。

立装法：根据构件的特点及其零件的稳定位置，选择自上而下或自下而上的顺序装配。此装配方法适用于放置平稳，高度不大的结构或者大直径的圆筒。

卧装法：将构件放置于卧的位置进行的装配。适用于断面不大，但长度较大的细长构件。

胎模装配法：将构件的零件用胎模定位在其装配位置上的组装方法。此种装配方法适用于制造构件批量大、精度高的产品。

拼装必须按工艺要求的次序进行，当有隐蔽焊缝时，必须先予施焊，经检验合格方可覆盖。为减少变形，尽量采用小件组焊，经矫正后再大件组装。

组装的零件、部件应经检查合格，零件、部件连接接触面和沿焊缝边缘约 30～50mm 范围内的铁锈、毛刺、污垢、冰雪、油迹等应清除干净。

板材、型材的拼接应在组装前进行；构件的组装应在部件组装、焊接、矫正后进行，以便减少构件的残余应力，保证产品的制作质量。构件的隐蔽部位应提前进行涂装。

钢构件组装的允许偏差见《钢结构工程施工质量验收规范》GB 50205—2001 有关规定。

8）焊接

焊接是钢结构制作中的关键步骤。钢构件焊接前应根据焊接工艺评定编制焊接工艺指导书，其内容包括母材、焊接材料、焊接方法、焊接接头形式、组装要求及允许偏差、焊接工艺参数、焊接顺序、预热、后热和焊后热处理工艺、焊接检验方法和合格标准等。焊接必须严格遵循焊接规范进行。

9）摩擦面的处理

高强度螺栓摩擦面处理后的抗滑移系数值应符合设计的要求（一般为 0.45～0.55）。摩擦面的处理可采用喷砂、喷丸、酸洗、砂轮打磨等方法。一般应按设计要求进行，设计无要求时施工单位可采用适当的方法进行施工。采用砂轮打磨处理摩擦面时，打磨范围不应小于螺栓孔径的 4 倍，打磨方向宜与构件受力方向垂直。高强度螺栓的摩擦连接面不得涂装，高强度螺栓安装完后，应将连接板周围封闭，再进行涂装。

10）涂装、编号

涂装环境温度应符合涂料产品说明书的规定；无规定时，环境温度应在 5～38℃ 之间，相对湿度不应大于 85％，构件表面没有结露和油污等，涂装后 4 小时内应保护免受淋雨。

钢构件表面的除锈方法和除锈等级应符合规范的规定，其质量要求应符合国家标准《涂装前钢材表面锈蚀等级和除锈等级》的规定。构件表面除锈方法和除锈等级应与设计采用的涂料相适应。

施工图中注明不涂装的部位和安装焊缝处的 30～50mm 宽范围内以及高强度螺栓摩擦连接面不得涂装。涂料、涂装遍数、涂层厚度均应符合设计的要求。

构件涂装后，应按设计图纸进行编号，编号的位置应符合便于堆放、便于安装、便于检查的原则。对于大型或重要的构件还应标注重量、重心、吊装位置和定位标记等记号。编号的汇总资料要与运输文件、施工组织设计的文件、质检文件等统一起来，编号可在竣工验收后加以覆涂。

（3）钢结构构件的验收、运输、堆放

1）钢结构构件的验收

钢构件加工制作完成后，应按照施工图和国标《钢结构工程施工及验收规范》（GB 50205—2001）的规定进行验收。有工厂验收和工地验收。工厂验收后运到工地增加了运输的环节，所以要有工地验收。

构件出厂时，应提供下列资料：

① 产品合格证及技术文件。

② 施工图和设计变更文件。

③ 制作中技术问题处理的协议文件。

④ 钢材、连接材料、涂装材料的质量证明或试验报告。

⑤ 焊接工艺评定报告。

⑥ 高强度螺栓摩擦面抗滑移系数试验报告，焊缝无损检验报告及涂层检测资料。

⑦ 主要构件检验记录。

⑧ 预拼装记录。由于受运输、吊装条件的限制，有时构件要分二段或若干段出厂，为了保证工地安装的顺利进行，在出厂前要进行预拼装（需预拼装时）。

⑨ 构件发运和包装清单。

2）构件的运输

发运的构件，单件超过 3t 的，宜在易见部位用油漆标上重量及重心位置的标志，以免在装、卸车和起吊过程中损坏构件；节点板、高强度螺栓连接面等重要部分要有适当的保护措施，零星的部件等都要按同一类别用螺栓和铁丝紧固成束或包装发运。

大型或重型构件运输应根据行车路线、运输车辆的性能或码头、运输船只状况来编制运输方案。在运输方案中要着重考虑吊装工程的堆放条件、工期要求来编制构件的运输顺序。

运输构件时，应根据构件的长度、重量断面形状选用车辆；构件在运输车辆上的支点、两端伸长的长度及绑扎方法均应保证构件不产生永久变形、不损伤涂层。构件起吊必须按设计吊点起吊，不得随意。

公路运输装运的高度极限 4.5m，如需通过隧道时，则高度极限 4m，构件长出车身不得超过 2m。

3）构件的堆放

构件一般要堆放在工厂的堆放场和现场的堆放场。构件堆放场地应平整坚实，无水坑、冰层，地面平整干燥，并应有较好的排水设施，排水通畅，同时有车辆进出的回路。

不同类型的钢构件一般不堆放在一起。同一工程的钢构件应分类堆放在同一地区，便于装车发运。

构件应按种类、型号、安装顺序划分区域，插竖标志牌。构件底层垫块要有足够的支承面，不允许垫块有大的沉降量。堆放的高度应有计算依据，以最下面的构件不产生永久变形为准，不得随意堆高。钢结构产品不得直接置于地上，要垫高 200mm。

在堆放中，发现有变形不合格的构件，则严格检查，进行矫正，然后再堆放。不得把不合格的变形构件堆放在合格的构件中，否则会大大地影响安装进度。

对于已堆放好的构件，要派专人汇总资料，建立完善的进出厂的动态管理，严禁乱翻、乱移。同时对已堆放好的构件进行适当保护，避免风吹雨打、日晒夜露。

1.8.2 钢结构安装

（1）工艺流程

钢结构安装的一般工艺流程见图 1-7。

（2）钢结构工业厂房安装

钢结构工业厂房安装工艺流程见图 1-8。

（3）起重吊装机械的选择

起重机械的正确使用及规范管理对确保工程进度、安全质量及经济效益有着很重要的作用。工程项目负责人应熟悉吊机性能，正确合理选择机型，制定科学的施工方案，减少各类起重设备机械事故和起重伤害事故的发生，努力提高设备完好率和利用率。

起重吊装机械的选择原则是：适用、快速、经济、合理。

建筑结构的安装，要考虑构件的吊装重量、安装位置高度、地形及运输条件等等多种因素，然后定出起重机械应有的吊臂长度、作业半径、起吊重量，选择出能满足这些条件要求的起重机械，并作总体的技术经济分析比较，以符合机械的选择原则。

对于面积较大，高度不太高的轻型和中型工业厂房，宜选用移动性好，起吊适应能力强的履带式起重机，这种吊机在安装中只需作一次接杆工作，就可进行全部厂房结构的吊装。

对于大型的工业厂房和集中的多层和高层结构，选用塔式起重机的技术经济效果较

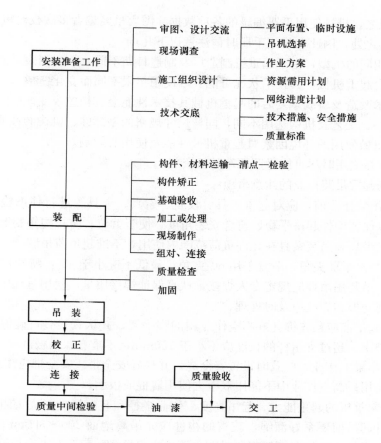

图 1-7　钢结构安装工艺流程

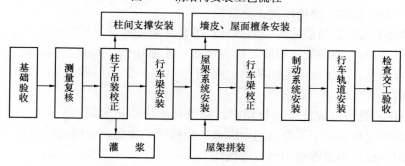

图 1-8　钢结构工业厂房安装工艺流程

好；特别是高炉、热风炉、除尘器等直径较大，高度很高的容器结构，采用重型塔式起重机的优越性更大。

构件重量较小的简单结构，采用轻型起重机吊装是合理的，甚至可以采用卷扬机配合枪杆吊装。

重型结构，当跨度、高度和长度尺寸过大，重量过重时，可采用双机或多机抬吊作业。

需要指出的是：起重机械的选择和使用，关系到人身、机械设备及吊装物品的安全，切不可等闲视之。机械使用手册编录的各项数据、图表虽经编者多次校对审订，仍难免会有疏漏、错误之处，因此在使用手册时请注意以下几点：

① 型号相同的机型，由于起重机制造厂及制造日期不同，数据图表可能不完全相同。

② 同一台起重机械，其技术状况可能会因使用年限不同而变化。

③ 经技术改造及事故修复后的起重机械其技术性能会有相应改变。

④ 因材料、工艺及机构选用不同，同样尺寸规格的零部件、机构的性能不同。

⑤ 起重机械使用的环境因素对起重机械性能及使用有影响。

因此，请在使用时尽可能对照原车随机资料。

（4）现场起重吊装作业的注意事项

1）构件吊装作业前，应对起重工具、设备、索具、卡具等进行仔细检查。构件吊点的选择，应以保证构件起吊平稳、符合安装角度、便于就位、防止构件变形为准。应确保起重机械、工卡具和吊装索具在允许负荷范围内使用，不准超负荷吊装。

2）吊索与水平面夹角一般宜采用 60°夹角，最低不应小于 45°，特殊情况应作强度和稳定性核算；吊装用吊环应规定专人焊接，认真保证焊接质量，使用过程中均须作细致检查，一旦发现变形和裂纹应及时处理。

3）构件起吊前应预先绑扎好高空作业用的脚手架，并认真检查，确保安全可靠；脚手板两端应绑牢，超过支承杆的长度应不小于 150mm，不准有探头板。

4）在吊车梁上作业，应及时设置安全绳，并挂好安全带。安全带应注意要高挂低用，而不能低挂高用；高空作业中不能用双手去使用撬棍或扳手。

5）根据起重机的起重能力、起吊高度、作业半径和装配场地，决定组合构件的尺寸和重量；构件起吊前要系好溜绳，较重的构件应先吊离地面 200～300mm 作停留或起落检查，确认无滑扣、脱钩和倾斜现象时，方可正式起吊，并配置专人牵拉溜绳；注意构件的摆放方向，避免碰撞，使构件能正确就位。

6）严禁施工人员随吊装构件一起提升；吊臂和起重物下，不准有人行走和停留。

7）构件在松钩之前应安放牢固，认为可靠后才能松钩，凡重心偏移的悬臂构件，其固定工作尤应注意。用螺栓固定的构件，必须有 40％～50％的眼孔穿入螺栓并拧紧靠严之后方许松钩。

8）使用自动脱钩吊装柱子或拉筋时，插销长度应超出卡环 50mm 以上，穿插牢靠，吊装小件拉筋的钢丝绳吊索不要过粗，以避免插销松动滑脱；使用插板式吊具吊装钢屋架时，应有专用销板，不能随意用道钉等代用。

9）安装构件穿插螺栓要用尖扳手或用撬棍的尖部插眼，不可用手指头探索；拧紧螺栓或点焊固定并达到安全程度时，方可松钩。在高空作业用的工具均应钻孔拴绳，防止坠落。

10）吊装混凝土构件时，吊钩一律向外挂牢，以免脱钩伤人；构件就位施工人员要稍为离开，摘钩时要将吊钩挂在绳扣上，以免吊钩乱甩伤人。

11）使用起重机吊装时，应与司机共同研究吊装方案，向司机讲清构件重量和吊机站位点。吊机停站的位置要平整坚实，必要时须铺设钢路基箱，不准站在架空电线的下方；起重机回转不得超过规定的度数，并防止碰撞其他构件；起重机不准斜吊重物，不准拖拉情况不明的埋地构件。

12）屋架的绑扎中心要在屋架重心之上，且吊点要选在节点位置，避免弦杆受弯。

13）双机抬吊时，吊装指挥系统是最主要的安全技术核心，也是吊装成败的关键。因此要成立吊装领导小组，为吊装制订完善和高效的指挥操作系统，绘制现场吊装岗位设置平面图，实行定机、定人、定岗、定信号、定责任，使整个吊装过程有条不紊地进行。

1.9 机 械 设 备 安 装

机械设备的种类很多，通常可以分为通用机械设备、专用机械设备和非标准设备。按组合程度可以分为单体设备和生产线。

冶炼工程机械设备以专用机械设备和非标准设备居多；金属加工和浮法玻璃生产又以连续生产线设备为主。

冶炼工程机械设备安装一般分为整体安装和解体式安装两大类。

（1）整体安装：对于体积和重量不大的设备，现有的运输条件可以将其整体运输到安装施工现场，安装时，直接将其安装到设计指定的位置，称为整体安装。该种安装的关键在于设备的定位位置精度和各设备间相互位置精度的保证。随着设备模块化的发展，这类安装将越来越多。

（2）解体安装：对于大型设备，由于运输条件的限制，无法将其整体运输到安装施工现场，出厂时只能将其分解成零、部件进行运输，在安装施工现场，重新按设计、制造要求进行装配和安装，称为解体安装。这类安装，不仅要保证设备的定位位置精度和各设备间相互位置精度，还要求再现制造、装配的精度。在安装现场，无论环境条件，还是专用机具、量具都无法达到制造厂的标准，要保证其安装精度是比较困难的。

1.9.1 机械设备安装的一般程序

（1）设备开箱检验

设备交付现场安装前，由施工总承包方负责与业主（或其代表）或供货商共同对运到现场的设备进行开箱检验，主要工作内容是按设备装箱清单和设备技术文件对箱内机械设备逐一清点、登记，对其外观进行检查验收，查验后，双方签字鉴证、移交。

（2）设备基础检查验收

1）核查设备基础中间交接资料，检查混凝土强度是否符合设计要求。如果对基础的强度有怀疑，可用回弹仪或钢珠撞痕法等对基础的强度进行复测。

2）基础的外观检查：主要察看基础表面有无蜂窝、麻面等质量缺陷。

3）设备基础的位置、几何尺寸测量检查：检查的主要项目有基础的坐标位置，不同平面的标高，平面外形尺寸，凸台上平面外形尺寸，凹穴尺寸，平面的水平程度，基础的铅垂程度，预埋地脚螺栓的标高和中心距，预埋地脚螺栓孔的中心位置、深度和孔壁铅垂程度，预埋活动地脚螺栓锚板的标高、中心位置，带槽锚板和带螺纹锚板的水平程度等。

（3）基础放线

1）依据设备布置图和有关建筑物的轴线和标高控制点，在基础上定位放线，在固定的标板上划出安装基准线。

2）按工艺要求须组合在一起的设备，应按统一的基准及相应的精度放出共同的安装基准线。

3）必要时基准线应制成永久性的基准标志（如中心板、标高点及沉降观测点）。

（4）拆卸、清洗与装配

对于解体机械设备和超过防锈保存期的整体机械设备，应进行拆卸、清洗与装配。这是要求比较精细的一道程序，如果清洗不净或装配不当，会给以后设备正常运行造成影响。

设备装配的一般步骤如下：

1）熟悉设备装配图、技术说明，了解设备的结构、配合精度，确定装配方法，清扫装配场地，准备工器具和材料。

2）零部件收集和检查，包括外观检查和配合精度检查，检查应做好记录。

3）将零部件彻底清洗干净，同时要保护零部件不受损伤，特别是加工面应保持原有精度。清洗加工面时，应用干净的棉布、泡沫塑料、丝绸或其他软质刮具，不得使用刮刀、砂布等容易损坏加工面的材料清洗。

4）设备装配配合表面必须洁净并涂润滑油（脂）（有特殊要求的除外），这是保证配合表面不容易生锈、便于拆卸的必要措施。

5）装配顺序：从小到大，从简单到复杂，先主机后辅机。先将零部件装配成组件，再由组件装配成部件，最后由部件进行总装配。

（5）设备吊装就位

将设备安全地放到基础上，是冶炼工程设备安装中的一个重大步骤。由于重量大、体积大、往往安装位置又很高，其吊装的难度和需要的费用都是很高的。

1）设备就位前应先清除基础底座上的油污及其他妨碍与混凝土结合的杂质。

2）基础表面应凿毛，垫板设置位置适当，数量合理，垫板放置整齐平稳，与基础接触良好，接触面积应符合规范要求。

3）对于解体安装设备，应先将设备底座就位并固定，然后吊装机架和主体部件。

4）设备吊装方案应综合考虑现场情况、运输和吊装能力以及设备本身技术要求，经过认真讨论和比选后确定，并报业主或监理批准后实施。

5）选用通用吊装设备（如吊车）为起吊机具时，场地必须足以容下吊装设备和工程设备，最大吊装半径和吊装高度均不得超过吊装设备性能曲线表的规定。

6）对重型设备进行双（多）机抬吊时，每台单机负荷最多不得超过额定负荷的75％，抬吊动作必须协调一致。

7）使用专用起吊设备时，应考虑在最不利的情况下，验算吊装机具的强度和刚度，钢绳长度等应适当留有余量。专用设备使用前应试吊，试吊时应全面仔细检查，不得出现异常情况，试验合格后方可使用。

（6）安装调整与固定

1）安装前应了解设备结构及安装技术要求，根据设备随机文件的要求和相应规范的规定进行安装。

2）安装时应着重对各种动、静结合面接触间隙进行检查，并加以记录，根据随机技术文件和规范的规定作适当调整。

3）静结合面的联结应按规定的顺序及规定的力矩拧紧螺栓。静结合面应按规定安装或涂抹结合面密封材料。

4）精度检测与调整：精度检测是检测设备、零部件之间的相对位置误差，如垂直度、平行度、同轴度误差等；调整是根据设备安装的技术要求（由规范或设备随机技术文件规定）和精度检测的结果，调整设备自身和相互的位置状态，例如设备的水平度、垂直度、平行度和倾斜度等。

5）设备找平主要通过调整垫铁的厚度来进行。每组垫垫铁的块数应尽量少，且不宜超过 5 块，并少用薄垫铁；设备调平后，垫铁端部应露出设备底部外缘，每组垫铁均应压紧，用定位焊焊牢。

6）设备找平找正后拧紧地脚螺栓，将设备牢固地固定在设备基础上，经检查合格后用灌浆料进行二次灌浆（活地脚螺栓不灌浆）。

（7）试运转

1）设备均按图纸要求全部安装完毕，并经检查合格后方可进行试运转。

2）试车前应编写试车方案，明确试车介质、流程、试车步骤，报业主或监理工程师审批后执行。

3）试车前应按规定牌号、数量加足试车用油（脂）。

4）对能单体试车的设备，应先进行单体试车，单体试车合格后方可参加系统试车。

5）系统试车前再次确认，各种管道安装完毕并试验、吹扫合格，各种能源介质供应正常，各种电气仪表检验合格，各种连锁保护装置工作可靠，一切条件都合格方可进行系统试车。

6）试车应遵循由简至繁，由易至难，由慢至快，压力由低至高的原则逐步进行，试车中应试验各种连锁的可靠性。试车应由专人指挥，统一安排，以确保人员和设备安全。

7）试车时间不应少于设计或规范规定的时间，试车中应记录电流、温度、振动、冲击等数据，检查液压、润滑、气（汽）动系统工作情况和密封质量，以及电气装置、控制系统和仪表工作是否正常，符合设计或规范的规定为合格。

（8）施工技术资料整理

1）开工前资料：施工图目录；图会审记录；变更类记录；施工组织设计；施工方案；作业指导书；技术安全质量交底记录及开工报告。

2）施工过程记录：施工日志；材料、设备合格证或其他设备随机文件；试验报告、检验报告；施工记录；隐蔽工程记录；质量批次验收、评定记录；试车记录。

3）竣工验收资料：竣工图及竣工验收评定资料。

1.9.2　液压系统安装技术要点

（1）液压元件的安装

各种液压元件的安装方法和具体要求，在产品说明书中，都有详细的说明，在安装时必须加以注意。以下仅是液压元件在安装时应注意的一般事项：

1）安装前应对元件进行质量检查，根据情况进行拆洗，并进行测试，合格后安装。

2）安装前应将各种自动控制仪表（如压力计、电接触压力计、压力继电器等）进行校验。这对投产后保证生产线高速运转极为重要，计量不准确就可能造成事故。

3）液压泵及其传动装置，要求较高的同心度，即使使用挠性联轴器，安装时也要尽量同心。一般情况，必须保证同心度在 0.1mm 以下，倾斜角不得大于 1°。在产品说明书中有具体要求；液压泵的入口、出口和旋转方向，在泵上均有标明，不得接反。

4）油箱应仔细清洗，用压缩空气干燥后，再用煤油检查焊缝质量。

5）安装各种阀时，应注意进油口与回油口的方位，某些阀如将进油口与回油口装反，会造成事故；为了避免空气深入阀内，连接处应保证密封良好；有些阀件为了安装方便，往往开有同作用的两个孔，安装后不用的一个孔要堵死；在安装时，阀及某些连接件购置不到时，可以代用，但必须相匹配；一般油的耗量不得大于技术性能内所规定的 40%；用法兰安装的阀件，螺钉不能拧得过紧，因为有时过紧反而会造成密封不良。必须拧紧时，原来的密封件或材料如不能满足密封要求，应更换密封件的形式或材料。一般调整的阀件，顺时针方向旋转时，增加流量、压力，反时针方向旋转时，则减少流量、压力；方向控制阀的安装，一般应使轴线安装在水平位置上。

6）液压缸安装要求：液压缸的安装应扎实可靠，为了防止热膨胀的影响，在旋转快和工作条件热的场合下，缸的一端必须保持浮动；配管连接不得松弛；液压缸的安装面和活塞杆的滑动，应保持足够的平等度和垂直度。对于移动缸的中心轴线应与负载作用力之中心线同心，否则会引起侧向力，侧向力易使密封件磨损及活塞损坏。活塞杆的支承点的距离越大其磨损越小。对移动物体的液压缸，安装时应使缸与移动物体保持平行，其平行度一般不大于 0.05mm/m，密封圈不要装得太紧，特别是 U 形密封圈不可装得过紧。

（2）液压管道安装与清洗

1）管道安装一般在所连接的设备及元件安装完毕后进行。

2）管道酸洗应在管道配制完毕，且已具备冲洗条件后进行。管道酸洗复位后，应尽快进行循环冲洗，以保证清洁及防锈。

3）根据工作压力及使用场合选择管件。管子必须有足够的强度，内壁光滑清洁，无砂或锈蚀、氧化铁皮等缺陷。

4）若发现有下列情况，即不能使用：内、外壁面已腐蚀或显著变色；有伤口裂痕；表面凹入；表面有离层或结疤。

5）管材弯曲加工时，不允许有下列缺陷：弯曲部分的内侧有扭坏或压坏；弯曲部分的内侧波纹凹凸不平。管材外径在 14mm 以下，可用手和一般工具弯管；直径圈套钢管推荐采用弯管机冷弯。弯管半径 R 一般应大于三倍管子外径 D。为了防振，在直角拐弯处，两端必须各增加一个固定支架，管子应安装在牢固的地方；运转时，在振动的地方加阻尼来消振；或将木块、硬橡胶的衬垫装在架上，使铁板不直接接触管子。

6）管路的敷设位置应便于支管的连接和检修，并应靠近设备或基础。布管时应注意以下事项：在设备上的配管，应布置成平行或垂直方向，注意整齐，管的交叉要尽量少；管子外壁与相邻管道之管件轮廓边缘的距离应不小于 10mm；同排管道的法兰或活接头应相间错开 100mm 以上，保证装拆方便；穿墙管道的接头位置宜距墙面 800mm 以上；配管不能在圆弧部分接合，必须在平直部分接合；法兰盘安装，要与管子中心线成直角；有弯曲部分的管道，中间安装法兰接头时，不得装在弯曲或弯曲开始部分，只能装在长的直线部分；细的管子应沿着设备主体、房屋及主管道布置。

7）在安装管道时，整个管线长度应尽量短，转弯数量少，尽量减少上下弯曲，并保证管道的伸缩变形。在有活接头的地方，管道的长度应能保证活接头的安装。系统中任何一段管道或管件应能自由拆装，而不影响其他元件。

8) 管道的连接有螺纹连接、法兰连接和焊接连接三种。可根据压力、管径和材料选定。螺纹连接适用于直径较小的油管，低压管在 $2''$ 以下，高压管在 $1'' \sim 1/4''$ 以下；管径较大时，则用法兰连接。焊接连接成本低，不易泄漏，因此在保证安装和拆卸的条件下，应尽量采用对头焊接，以减少管配件；管路的最高部分应设有排气装置，以便启动时放掉管路中的空气。

9) 在安装橡胶软管时，应注意以下事项：应避免急转弯，其弯曲半径 $R \geqslant (9 \sim 10)D$（D 为软管外径）；不要在靠近接头根部弯曲，软管接头至开始弯曲处的最短距离 $L = 6D$；在可移动的场合下工作，当变更位置后，亦需符合上述要求。软管必须在规定的曲率半径范围内工作，若弯曲半径只有规定的 1/2 时，就不能使用，否则寿命大为缩短。在安装和工作时，不应有扭转的情况。在连接处，软管应自由悬挂，应避免受其自重而产生弯曲、扭转。但在特殊情况下，若软管两端的接头需在两个不同的平面上运动时，应在适当的位置安装夹子，把软管分成两部分在同一平面上运动。软管过长或承受急剧振动的情况下，宜用夹子夹牢。但在高压下使用的软管应尽量少用夹子，因软管受压变形，在夹子处会发生摩擦。软管应有一定的长度余量。软管受压时，要产生长度和直径的变化（长度变化一般约在 4% 左右）。因此在弯曲使用的情况，不能马上从端部接头处开始弯曲；在直线使用的情况，不要使端部接头和软管间受拉伸，要考虑长度上有些余量，使它比较松弛。不要和其他软管或配管接触，以免磨损破裂，可用卡板隔开或在配管设计上适当考虑。

10) 安装吸油管路时，应注意下列事项：吸油管不得漏气，在泵吸入部分的螺纹、法兰接合面上，往往会由于小的缝隙而漏入空气。另外，设置在吸入侧的闸阀，也会漏入空气（没有必要时，最好不要设置）。吸油管的阻力不应太高，否则吸油困难，会产生空蚀现象。对于泵的吸程高度，对各种泵的要求不同，一般不得大于 500mm。除了在产品说明书中或样本中有说明的某些泵以外，一般可在吸入管上装置吸油过滤器。滤网的精度一般为 60 目以下，通过面积应大于油管的两倍以上，并要考虑拆装方便。

11) 安装回油管路应注意下列事项：油缸或溢流阀的回油管，应伸到油箱油面以下，以防止飞溅引起气泡。溢流阀的回油管不能直接与泵的入口连通，一定要通过油箱，否则油温将上升得很快。电磁阀的漏油口与回油管相通时，不能存在有背压，否则应单独接油箱。

12) 全部管路应进行二次安装。一次安装后拆下管道，一般用 20% 硫酸或盐酸溶液进行酸洗，用 10% 的苏打水中和，再用温水清洗，然后干燥、涂油以及进行压力试验。最后安装时，不准有砂子、氧化铁皮、铁屑等污物进入管道及阀内。

13) 全部管路安装后，必须对管路、油箱进行冲洗，使之能正常循环工作：以冲洗主系统的油路管道为主。对溢流阀、液压阀、通油箱的排油回路，在阀的入口处遮断。冲洗时必须将液压缸、液压马达以及蓄能器与冲洗回路分开。管路复杂时，适当分区对各部分进行冲洗。冲洗液可用液压系统准备使用的工作介质或与它相溶的低黏度工作介质。注意切忌使用煤油作冲洗液。冲洗液应经过滤，过滤精度不宜低于系统的过滤精度。冲洗液的冲洗流速应使液流呈紊流状态，流速应尽可能高。冲洗液为液压油时，油温不宜超过 60℃；冲洗液为高水基液压液时，液温不宜超过 50℃。在不超过上述温度下，冲洗液温度宜高。冲洗时间通常在2小时以上。冲洗过程宜采用改变冲洗方向或对焊接处和管子反复地进行敲打、振动等方法加强冲洗效果。冲洗工作可按《冶金机械设备安装工程施工及验收规范 液压、气动和润滑系统》（YBJ 207—85）进行。冲洗检验采用目测法检测时，在回路开始冲洗后的15～30min内应开始检查过滤器，此后可随污染物的减少相应延长检查的间隔时间，直至连续过滤1h，在过滤器上无肉眼可见的固体污染物为冲洗合格。应尽量采用颗粒计数法检验。样液应在冲洗回路的最后一根管道上抽取。一般液压传动系统允许污染等级不应低于ISO 4406标准中的19/16级或NAS 1638标准中的10级。

（3）试压

系统的压力试验应在管道冲洗合格、安装完毕组成系统，并经过空运转后进行；试验压力在一般情况下应符合以下规定：

1）对于工作压力低于16MPa的系统，试验压力为工作压力的1.5倍；对于工作压力高于16MPa的系统，试验压力为工作压力的1.25倍。在冲击大或压力变化剧烈的回路中，其试验压力应大于尖峰压力。

2）对于橡胶软管，在2～3倍的常用工作压力下，应无异状，在3～5倍的常用工作压力下，应不破坏；试验压力应逐渐升高，每升高一级宜稳压2～3min，达到试验压力后，保持压力10min，然后降至工作压力，进行全面检查，以系统所有焊缝和连接口无漏油，管道无永久变形为合格。

3）在向系统送油时，应将系统有关的放气阀打开，待其空气排除干净后，即可关闭（当有油液从阀中喷出时，即可认为空气已排除干净）。同时将节流阀打开。系统中出现不正常声响时，应立即停止试验，如有焊缝需要重焊，必须将该管卸下，并在除净油液后方可焊接。压力试验期间，不得锤击管道，且在试验区域的5m范围内不得同时进行明火作业。压力试验应有试验规程，试验完毕后应填写《系统压力试验记录》。

（4）调试与试运转

系统调试一般应按泵站调试。系统调试包括压力和流量（即执行机构速度）调试。各种调试项目，均由部分到系统整体逐项进行，即：部件→单机→区域联动→机组联动等。

1）泵站调试

先空转10～20min，再逐渐分档升压（每档3～5MPa，每档时间10min）到溢流阀调节值。

① 蓄能器：气囊式、活塞式和气液直接接触式蓄能器应按设计规定的气体介质和预充压力充气；气囊式蓄能器必须在充油（最好在安装）之前充气。充气应缓慢，充气后必须检查充气阀是否漏气；气液直接接触式和活塞式蓄能器应在充油之后，并在其液位临近装置调试完毕后充气；蓄能器宜在液压泵负荷试运转后进行调试，在充油升压或卸压时，应缓慢进行；配重升降导轨间隙必须一致，散装配重应均匀分布；配重的重量和液位临近装置的调试均应符合设计要求。

② 油箱附件：油箱的液位开关必须按设计高度定位。当液位变动超过规定高度时，应能立即发出报警信号并实现规定的连锁动作；调试油温监控装置前应先检查油箱上的温度表是否完好；油温监控装置调试后应使油箱的油温控制在规定的范围内。当油温超过规定范围时，应发出规定的报警信号。泵站调试应在工作压力下试转2h后进行。要求泵壳温度不超过70℃，泵轴颈及泵体各结合面无漏油及异常的噪声和振动；如为变量泵，则

其调节装置应灵活可靠。

2）系统调试

① 压力调试：系统的压力调试应从压力调定值最高的主溢流阀开始，逐次调整每个分支回路的各种压力阀。压力调定后，须将调整螺杆锁紧。压力调定值及以压力连锁的动作和信号应与设计相符。

②流量调试（执行机构调速）：液压马达的转速调试，液压马达在投入运转前，应和工作机构脱开。在空载状态先点动，再从低速到高速逐步调试并注意空载排气，然后反向运转。同时应检查壳体温升和噪声是否正常。待空载运转正常后，再停机将马达与工作机构连接，再次启动液压马达并从低速至高速负载运转。如出现低速爬行现象，可检查工作机构的润滑是否充分，系统排气是否彻底，或有无其他机械干扰。

③液压缸的速度调试：液压缸的速度调试与液压马达的速度调试方法相似。对带缓冲调节装置的液压缸，在调速过程中应同时调整缓冲装置，直至满足该缸所带机构的平衡性要求。如液压缸内缓冲装置为不可调型，则须将该液压缸拆下，在试验台上调试处理合格后再装机调试；双缸同步回路在调速时，应先将两缸调整到相同的起步位置，再进行速度调整。

④系统的速度调试：系统的速度调试应逐个回路（系指带动和控制一个机械机构的液压系统）进行，在调试一个回路时，其余回路应处于关闭（不通油）状态；单个回路开始调试时，电磁换向阀宜用手动操纵；所有系统调试过程中所有元件和管道应无漏油和异常振动；所有连锁装置应准确、灵敏、可靠。速度调试完毕，再检查液压缸和液压马达的工作情况。要求在超支、换向及停止时平稳，在规定低速下运行时，不得爬行，运行速度应符合设计要求。速度调试应在正常工作压力和工作油温下进行。系统调试应有调试规程和详尽的调试记录。

1.9.3 炼钢转炉安装技术要点

炼钢转炉安装工艺流程见图 1-9。

（1）基础验收及垫板设置

1）严格按国家标准验收设备基础。

2）埋设中心标板、基准点及采用坐浆法安装垫板。

（2）耳轴支座安装

1）将锤头型地脚螺栓在孔内旋转 90°，并作好定位标记。

2）在炉中心处基础上设置移动式起重机，吊装倾动装置专用安装台架及炉体耳轴支座，然后调整找正耳轴支座标高和纵、横中心线及支座间距和对角线水平度等，耳轴支座的吊装也可以采用厂房内吊车吊装，同时辅以链式起重机配合水平牵拉吊装就位。

传动侧耳轴支座就位后采取加支撑措施，以防止倾倒。

（3）耳轴轴承组装

1）采用温差法装配轴承。一般用热油加热轴承，油的加热温度不超过规定温度。

2）轴承与耳轴的装配：先将轴承内挡环，密封圈，密封罩套在耳轴上，然后使用厂房内桥式起重机将轴承自油箱中取出，利用手动葫芦将轴承翻转 90°，使其端面垂直于地面，然后缓慢移动桥式起重机，使轴承内孔对准耳轴，分别将轴承装在传动侧和非传动侧

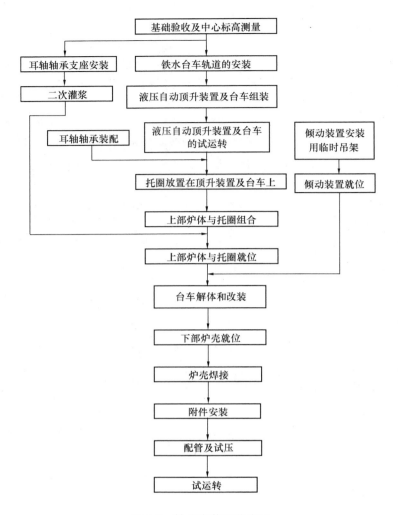

图 1-9　转炉安装工艺流程

耳轴上，最后组装轴承箱、密封圈、密封罩、隔离环、轴承固定器等。

（4）支承部件组装

在托圈上组装二点支承部件。

（5）组装托圈吊具

注意使中心距与桥吊龙门钩架中心距离一致。

（6）液压自动顶升装置和台车的设置和使用

1）在加料侧轨道基础上利用两台钢水罐车并在基础上搭设安装用临时台架。

2）将台车牵引至炉体安装位置。

3）在台车工作面安装液压自动顶升装置，且放在垫板堆上，顶升装置本体顶面的托圈下表面间应放置调整装置，以使托圈调整。

4）在台车两侧悬臂平台上放置下部托架。

5）托圈吊放在转炉安装台车上

① 根据托圈安装的方位和台车上所作的中心标记，调整托圈纵横坐标位置。

② 利用顶升装置顶升托圈，使耳轴轴承座底平面高于耳轴支座的上表面，并使之水平。

（7）上部炉壳与托圈的组装

用厂房内桥吊将上部炉壳吊装在托圈内并调整炉壳与托圈间的径向间隙，并安装管道及上下托架。

（8）托圈及上部炉壳组合体就位

1）将台车及其上的托圈和上部炉壳组合体牵引至炉中心位置。

2）液压自动顶升装置动作使耳轴降落在轴承座孔内，并使轴承座螺孔对合。

3）台车移离炉中心并在炉中心外适当位置改装台车以适当下部炉壳安装的需要。

（9）炉底安装

碳钢转炉炉壳为两段供货，现场安装只有一道焊口，炉底采用上述同样的方法移入炉中心，然后启动液压自动顶升装置，使下部炉壳与上部炉壳对口，并调整间隙后进行焊接。

（10）倾动装置专用滑移装置安装技术措施

1）倾动装置处在耳轴的一侧，桥式吊车极限移动距离至转炉耳轴中心较远，用该桥吊不能使倾动装置一次吊装就位。因而倾动装置要采用滑移装置安装就位。

2）在桥吊极限位置至耳轴中心线间的基础附近搭设临时滑移装置。滑移装置包括临时台架、轨道、滚杠及其固定件组成。

3）采用桥吊吊运倾动装置，并将其吊在临时台架的滚杠上。

4）采用链式起重机将临时台架滚杠上的倾动装置，拖拉至耳轴中心位置。

5）采用千斤顶和链式起重机通过顶、推、撬、拉的方法使倾动减速器齿轮轴孔与耳轴对合。

6）安装斜键

倾动大齿轮穿入耳轴后可安装切向键，并检查和调整切向键之间以及键的工作面与键槽工作面之间的接触面积，应符合技术文件规定。

7）固定扭力杆等并紧固地脚螺栓

炼钢转炉采用全悬挂式倾动装置，扭力杆的安装，首先应确定扭力杆轴承座定位尺寸及水平度公差应符合规范要求，其次要调整止动支座定位尺寸和扭力杆的水平度并符合规范要求。

1.9.4 回转窑安装技术要点

（1）开工前技术准备

1）编制总体施工组织设计；

2）图纸会审并作记录；

3）编制重要的单位工程施工方案；

4）编制关键工序作业指导书；

5）根据工程实际情况及特点进行技术及施工安全注意事项交底；

6）对关键岗位的施工人员进行必要的技术培训。

（2）安装技术要点

1）基准（中心线与标高点）的设置

应按行业规范的要求，采用永久性中心标板和不锈钢标高点，其尺寸精度应符合规范规定。基础沉降观测点不宜与找正基准点共用。

2）底座及托轮装置安装

垫板宜用平垫加与窑体斜度一致的单斜垫组合。垫板堆数、每组块数及尺寸及摆放的位置均应满足规范要求，垫板平整度也应符合规范要求。

底座的中心线及标高的确定应借助专用量具在机加工面上予以测量。选择的测点应按理论尺寸换算至图纸标注的尺寸。

地脚螺栓灌浆时，应保证其垂直于设备底座，其他应符合通用要求。

轴瓦接触面积及接触角应符合规范要求，并应复检托轮锥度及径向跳动。

使用专用量具检查，调整同组托轮标高、中心，使之符合规范要求。

3）大件吊装

按已批准的施工方案将吊装组合件预装组到位；通过计算和试吊确定吊装设备的重量和重心位置；

采用吊车吊装时，应确定吊车站位与吊装到位时吊车不超过性能曲线表规定的载荷，吊装前应考虑设备运输和堆放位置次序、方向等。

采用特制吊装机具吊装时，应详细计算吊架的强度和刚性，要留适当的安全系数。

采用双机抬吊时，应确定绑扎点，预先分配双机之间的吊重，要求各端的负荷均不超过许用载荷的 75%。

绑绳的选用应可靠，绑扎应牢靠，应采取防滑措施。

4）筒体组对安装

筒体出厂前应予以组装，并留有预组装标记，筒体出厂运输前应采用适当的加固措施，防止运输、堆放时变形。

组对用转胎的承载强度应计算后选定，应留有足够的安全系数，临时转胎位置应与筒体临时加固位置相对应；

临时盘窑装置应保证一次盘窑可连续转动一周以上，并且应有足够大盘窑力矩；

筒体组对应兼顾筒体的同轴度、筒体的不圆度及筒壁错皮量均不超过规范要求。初步找正应用卡板、拉马等辅助工具进行连接。

筒体用临时工具组对合格以后，不宜转动，宜采取单面焊接，双面成形的焊法打底，打底应对称焊，焊工应持有相应岗位合格证。

打底焊合格后，方可转动筒体焊接，一般应同时焊内口或外口，即可拆除组焊工具。焊工应持相应焊位合格证上岗操作，并根据筒体偏摆情况选择适当的起弧点，利用焊接的收缩差异控制窑体的弯曲度。

5）传动系统安装

领圈定位应考虑温度对窑体长度的影响。

大齿轮的定位应按已定位的传动挡领圈进行推测。

大齿轮的安装应在筒体焊接合格后进行，采用专用支架将大齿轮的轴向、径向跳动调整符合规范要求后方可将大齿轮固定在筒体上。

小齿轮的安装应在大齿轮安装固定合格后进行，大小齿轮的齿间顶隙要考虑留有热膨胀量，齿轮啮合面积应符合规范要求。

6）其他附件安装应在筒体焊接合格后进行

7）窑内衬施工应在窑体试运转合格后进行

（3）试运转

1）回转窑试车分成筑炉前无负荷试车，筑炉后无负荷试车及热负荷试车。前一阶段试车不合格不能进入下一阶段。

2）试车前应再次检查确认，各部联结和地脚螺栓是否紧固可靠。

3）托轮与领圈间应清理干净。

4）水、电、气、油和其他安全检测、连锁装置应事先安装检验合格。

5）各项安装检查记录准确完整。

6）试车前应编制试车方案，对于制作、安装情况作相应的分析，制定相应调整预案。调窑应由有经验的人员指挥。

7）试车前应确定各档托轮位置并留下标记和记录。

8）试车应确保每个托轮有上推力，分析各种托轮受力现象是判断托轮受力的重要依据据，各种情况要互相验证后方可调整。每调一次记录一次，调完后运行一段时间，观察是否有效且无异常再调。

9）运转时要求窑体上行、下行均应自如，要防止串动过快和冲击等不良状况。

10）每阶段试车合格应核对调整标记和记录，并将最终标记和记录移交给业主。

11）试车合格后，应全面拧紧各螺栓，检查油位，放掉积水，整理试车资料。

1.10 电 气 设 备 安 装

1.10.1 电气设备安装技术要点

（1）电力变压器安装

1）安装前的准备工作

①编制方案；

②核查有关土建工程是否达到安装条件；

③准备施工机具、装置和材料；

④进行变压器验收检查。

2）变压器吊心检查

①选择晴天、无大风天气，做好防雨防尘措施，在附近悬挂温度计、湿度计、滤油系统准备好随时开动，准备补充的油要事先过滤好。

②吊心检查的操作方法：

● 放油：绝缘油应放至变压器大盖耐油密封橡胶条以下。

● 对称拆除大盖和箱沿之间的螺栓，打开变压器大盖。

● 缓缓启动起重设备，随时注意铁心器身不要碰擦油箱壁，将铁心器身吊出变压器箱移至干净道木垫好的铁架上，并放置油盘于其下方，撤去起重设备。

● 完成以下项目检查：固定部件检查，铁心检查，引出线检查，分接开关检查，如与要求不符，进行整改，对于大的损伤和缺陷，请制造商处理。检查整改合格后，必须用合格变压器油冲洗铁心。

● 如果原有耐油橡胶条不能使用，应制作新的密封条换上。

● 检查处理完毕，立即按吊心相反的程序把变压器铁芯装回油箱内，装回油箱之前先用清洁的磁铁绑扎在洁净的木杆上，在油箱底部查有无铁质杂物。

● 将放出的油（经滤油机过滤后）经专用添油阀全部加入油箱，损耗部分也用合格油加足。

3）变压器就位

大、中型电力变压器较重，因而多采用拖运就位的方法。变压器就位后，须认真核对变压器位置，装有气体继电器的变压器，应使其顶盖沿气体继电器、气流方向有1%～1.5%的升高坡度（制造厂规定不须安装坡度者除外），当与封闭母线连接时，其套管中心线与封闭母线中心线相符，装有滚轮的变压器，在设备就位后，应将滚轮固定。

4）附件安装

变压器就位完毕后，可安装其他的部件。对大型变压器需要安装的附件包括充油套管、散热器、潜油泵、热滤油器、防爆管气体继电器及其连通管、油枕、呼吸器、温度计等，在装配前各附件必须清洗内部，以防将污物带入变压器内。

5）注油

附件安装完毕，可将气体继电器与油枕间的蝶形阀开通，对变压器继续注油，使油枕的油面上升到油位指示的最高处，然后对散热器、热滤油器进行充油，220kV及以上的变压器必须真空注油。110kV型变压器宜采用真空注油。

6）变压器试验项目

①绝缘电阻和吸收比测定；

②直流电阻测量；

③变压器组别试验、变压器电压比试验、空载试验、工频交流耐压试验、冲击合闸试验等。

④最后进行试验运行，合格后投入使用。

（2）高压配电设备安装

主要包括高压断路器、隔离开关、负荷开关、熔断器、避雷器等，本节只介绍油断路器的安装和调整。

1）现场检查

断路器的所有部件、备件、专用工具应齐全，无锈蚀或机械损伤，瓷铁件粘合牢固等。

2）安装调整

①根据断路器的安装位置，在墙上打孔（或在金属构件上钻孔），用螺栓固定断路器座；或利用土建混凝土基础上的预留螺栓固定断路器座；

②整组起吊断路器就位，带上固定螺母，找平找正后，使断路器本体保持垂直和水平，最后拧紧固定螺母。断路器组装时，按产品的部件编号进行组装，不得混装，就位后，严格检查其机械及导电部分，并处理有关缺陷；

③安装操作机构，配制断路器和操作机构之间的传动拉杆，连接时，支撑牢固，受力均匀，油断路器和操作机构的联合动作必须符合产品的技术规定；

④安装断路器和操作机构的接地线，并保证接地良好；

⑤清洁断路器各部件，并在机械摩擦部位涂抹润滑油脂；

⑥油断路器的灭弧室作解体检查和清理，正确复原；

⑦油断路器安装调整时，应配合进行以下各项检查：电动合闸后，用样板检查油断路器传动机构中间轴与样板的间隙；合闸后，传动机构杠杆与止钉间的间隙；行程、超行程、相间和同相各断路口间接触的同期性；

⑧油断路器调整结束后注油前，应检查油断路器及其传动装置的所有连接部位、防松螺母、顶盖及检查孔密封情况等。

（3）配电柜的安装

配电柜安装时先制作和预埋底座，然后将配电柜采用螺栓连接固定在底座上（视固定场所有时也采用焊接）。

1）配电柜的检查和清理，配电柜到达现场，要及时开箱检查、记录。

2）配电柜的底座制作与安装

①配电柜底座的制作：一般采用 [8 或 [10 槽钢制作；

②配电柜底座的安装：先按施工图或配电柜底座固定尺寸的要求平直下料，并将安装位置和水平度调整准确，然后直接焊接在土建施工的预埋件上，最后用扁钢将底座与接地网连接。

3）配电柜柜体安装

通常在土建工程全部完毕后进行配电柜的安装。

①在底座上，按配电柜底座的固定尺寸钻孔；

②按照施工图规定的顺序，将配电柜柜体安装就位，按允许偏差规定调整其水平度和垂直度，并进行校正。多块柜并列安装时，一般先安装中间一块柜，再分别向两侧拼装并逐柜调整，双列布置的配电柜应注意其位置的对应，以便母线联桥；

③调整合适后，用螺栓螺母将配电柜固定在底座上；

④检查配电柜内部开关电器等设备是否符合设计图要求，并进行公共系统的连接和检查。

4）配电柜安装完毕后，应保证柜面的油漆完整无损，标明柜正面、背面，各电器的名称、编号。

5）配电柜的安装方法同样适用于落地式动力配电箱和控制箱的安装。盘箱柜的接地应牢固良好，装有电器的可开启的门，应以裸铜软线与接地的金属构架可靠地连搂。

6）成套柜的安装应符合下列要求：机械闭锁，电气闭锁动作准确、可靠；动触头与静触头的中心线一致，触头接触紧密；二次回路辅助开关的切换接点动作准确，接触可靠；柜内照明齐全等。

1.10.2 接地与防雷装置安装技术要点

（1）防雷装置安装

变电所的防雷装置主要由避雷针、避雷器和接地网等构成，避雷针由突出地面的金属针尖（亦称接闪器）和引下线、接地装置等组成。

1）避雷针的制作与安装

①避雷针的针尖是接受雷击的部位，一般用φ25的镀锌圆钢制成（也有用φ40镀锌钢管，端部打扁制成）；

②避雷针的接地装置最好与其他接地体分开，并保持在地中的距离不小于3m，单独装设接地装置时，其接地电阻不大于10Ω；

③接地体避雷针及引下线的连接必须焊接，焊接处涂沥青漆；

④避雷针的接地极应埋设在很少有人通过的地方，距建筑物通常在3m以外；

⑤35kV及以下配电设备的避雷针不宜安装在配电装置的构架上。

2）建筑物防止直击雷的措施，除了采用避雷针以外，大多采用避雷带进行保护。

避雷带安装在建筑物顶部突出的部位上，如女儿墙、屋脊等。一般采用φ8钢筋，互相焊连，也可与建筑物混凝土内钢筋焊连之后一并接地；

采用多根引下线时，需设置断接卡。

3）变配电设备和建筑物的防雷除了上述方法防直击雷以外，还应有防止高压雷电波沿架空线路、电缆线路引入的措施，其中最主要的措施就是安装避雷器，变配电所的避雷器应用最短的接地线与主接地网连接。

（2）接地装置的安装

1）接地装置敷设：

①接地体一般用长2.5m截面尺寸为50×50×5的镀锌角钢一端倒角加工而成。打入地下后，接地极之间用－40×4镀锌扁钢连接，在土壤腐蚀性强的场所，应采用热镀锌扁钢或加大扁钢截面，接地体顶面埋设深度不宜小于0.6m，接地体引出线的垂直部分和接地装置焊接部位应作防腐处理；

②接地体打好后，就可沿沟敷设接地带，接地带的连接采用搭接焊；

③接地线应防止发生机械损伤和化学腐蚀；

④接地干线应在不同的两点及以上与接地网相连；

⑤每个电气装置的接地应以单独的接地线与接地干线相连；

⑥接地体敷设完后，回填土内不应有石块等物；

⑦室内接地线一般采用－25×4镀锌扁钢焊连，过门处加保护管，经过伸缩缝时加设补偿器；

⑧接地装置由多个分接地装置部分组成时，应按设计要求设置便于分开的断接卡。

2）接地装置接地电阻测试

断开断接卡，测量接地电阻。接地电阻的测量方法，一般有电流表法、电压表法和接地电阻测量仪测量法。接地电阻测量仪测量方法较简单，有独立的自备电源，故一般均用此法测量接地电阻。

1.10.3　自动化仪表安装技术要点

（1）仪表取源部件安装

仪表的取源部件是在被测对象上为安装连接检测元件所设置的专用管件、引出口和连接阀门等元件。温度取源部件有带内螺纹的凸台或带法兰的夹套管等；压力取源部件多为带阀门的一段短管，短管的外径通常不大于φ14；流量取源部件有组合成套的孔板、喷嘴和能发送电磁脉冲的流量计数装置等；液位计的取源部件通常在设备制造时一并制造引出。

1）取源部件安装技术要点

① 在设备或管道上开孔、焊接安装取源部件，要在设备或管道防腐衬里和压力试验前进行。

②在高压、合金钢、有色金属设备或管道上开孔，采用机械开孔方法。

③在设备或管道上焊接取源部件，应避开设备或管道原有焊缝一定距离。

④取源部件安装完成后，与设备和管道一起进行压力、气密性、真空试验。

2）温度取源部件安装要求

①位置、方向正确，与传感器连接后密封良好。

②在砌体上埋设有密封措施。

3）压力取源部件安装要求

①位置、方向正确，短管端部不探入设备或管道上带有的阀门，密闭性良好，取源部件的阀门关断时不渗漏。

②在砌体上埋入取压时密封良好，严密不泄压。

③检测温度高于 60℃ 的液体、蒸汽和可凝性气体的取源部件要带有冷凝附件。

4）流量取源部件安装要求

①位置正确，取源部件上、下端直管段的最小长度要符合设计要求，产品有特殊要求的，尚需符合产品技术文件要求。

②注意孔板等节流装置取源部件不同结构形式、被测介质不同性质、对取压口设置位置和几何尺寸要求的差异。

5）物位取源部件安装要求

①位置正确，能灵敏反映物位变化，且不受因物料进出引起波动的干扰。

②浮球式液仪表取源短管法兰等，要能保证浮球安装后在全量程内自由活动。

6）取源部件安装的配合

①仪表工程施工需要的取源部件、调节阀执行机构等，是工艺设备、管路等安装时需配合使用的，要按计划进场，以期跟上设备管道的安装进度。

②定型设备上的仪表取源部件在设备设计制造时已经形成，非定型设备上的取源部件要安排在设备承压试验前安装；锅炉炉墙等砌体上的取源部件安排在砌体砌筑时埋入；管道上的取源部件安排在管道试压前安装，串接在管道中的调节阀、流量孔板安排在管道安装时连接或用同等长度两端带有法兰的短管替代；保温风管上的取源部件安排在风管保温前安装；无保温风管上的取源部件安排在风管系统就位后试运行前安装。

（2）仪表盘、柜、箱安装

仪表盘、柜、箱有就地安装和集中在控制室内安装两种形式：机电设备不形成联动生产线的以就地安装为主，如各个动力站、鼓风机站的仪表工程；机电设备形成联动生产线的以中央控制室集中安装为主，如热轧钢板钢板生产线、浮法玻璃生产线的仪表工程。

1）仪表盘、柜、箱安装前的技术准备

①安装前要进行内部接线、连管检查，并且外观检查良好无损坏。

②就位的位置正确，型号规格符合设计文件要求。

③土建工程提供的条件满足盘、柜、箱安装的需要。

④仪表集中控制室安装要安排在土建工程全部完成之后，必要时集中控制室配备临时空调设备。

2）就地安装要点

①盘、柜、箱应选择安装在光线充足、通风良好、维修方便的位置。

②与底座型钢的连接不能采用焊接，应采用镀锌螺栓连接。

③在振动或多尘、潮湿或有腐蚀性、爆炸性气体，有火灾危险的场所安装，要注意选型是否符合设计文件要求，采取的隔离和防护措施是否同步到位。

④柜、箱内仪表就位接线、连接管路应依据设计文件要求标明编号。

3）集中安装要点

①基础型钢的规格、型号符合设计要求，形位尺寸不超差。

②仪表盘、柜的排序不错位，盘、柜相互之间以及与基础型钢之间的连接不能采用焊接，应采用镀锌螺栓连接。

③当盘、柜上的开孔不能装入仪表或螺孔位置不准时，应采用机械加工修正，不得用气焊切割。

④与外部引入的线路连接应紧密导通良好，管路连接应严密不泄漏，连接的位置正确不错位。

（3）仪表线路、管道敷设

仪表工程的线路和管道是连接传感器或变送器，将温度、压力等信号传送至显示、测量、调节仪表的路径，确保连接正确、传递通畅、运行可靠是基本要求。成排成束敷设的线路和管道大多在地沟内或管廊上的桥架内或沿墙的定型支架上，因而其敷设条件受到土建工程的一定制约。

1）敷设前的准备

①检查土建工程是否具备线路、管道敷设条件，确认相关土建工程正常的后续施工不会损坏已敷设好的仪表线路、管道，才能开始敷设。

②仪表工程用线缆和管材在敷设前应做检查，除外观检查有无缺陷外，线缆要检查绝缘和导通状况，管材要除锈，有的还要脱脂并做内壁吹扫，检查通畅情况和密闭性能。

③不论安装位置怎样，要坚持先就位固定桥架，后敷设线路管道的原则。

2）线路敷设要点

①线路沿途应无强磁场、强电场干扰，当无法避免时应采取防护屏蔽措施。

②线路沿途遇到温度超过 65℃ 以上的场所，要采取隔热措施。

③线路进入就地柜、箱或从地沟内引入控制室处，应有良好的防水密封措施。

④线路敷设完成，做绝缘检测，检测前要将已连上的仪表及其他部件全部断开，仅存线路本体。检测合格，做好标识，线路可以投入调试。

⑤线路过建筑物变形缝处及与仪表连接处用柔性连接，适当留有余量，室外的柔性连接保护导管要具有防水性能。

3）管道敷设要点

①埋地敷设的管道连接必须焊接，且经试压合格和防腐处理才能掩埋，在穿过道路和出土处要有保护管。

②弯曲管路安装需进行弯制，除弯曲半径符合规范规定外，应及时检查弯曲处缺陷有

无超标。

③成排安装的管道要排列整齐，间距均匀。

④有坡度要求的管道要坡向正确，测量坡度值符合规定。

⑤管道引入有密封要求的就地柜箱处，密封措施和密封情况应符合要求。

⑥仪表管道敷设完成要做压力试验，试验合格，做好标识，方可以投入调试。

（4）仪表单校和系统试验

仪表的单校和系统试验具有各自不同的目的，单校指每个单体仪表或元件的试验，以鉴定其个体性能是否完好；系统试验指通过施工将仪表经线路和管道相互连接起来后形成系统，要鉴定系统连接是否正确，在正确前提下，系统的检测、监视、调节等功能是否能满足预期要求。仪表单校可视工程项目建设时间长短作出安排，时间短，在就位安装前安排较妥；时间长，则在后期安排较妥。

1）试验前的准备

①单校的环境要满足要求，系统试验前安装工作经检查无缺项。

②单校的作业指导书已具备，系统试验方案已编制。

③校验、试验用仪器设备满足需要，仪器在有效期内，设备状态完好。

④校验和试验作业人员经培训合格。

2）单校要点

①仪表单校除常用仪表依据作业指导书做规范操作外，新型仪表或特殊仪表要参照产品技术文件的要求进行。

②仪表单校的校准点在全部仪表量程范围内平均选取 5 点。

③仪表单校的结果要有记录，并经作业人员、责任人员签字确认。

3）系统试验要点

①仪表工程的系统试验要在回路试验完成后进行，回路试验的电源和气源要用仪表工程的正式电源和气源。

②合理安排回路的区分，是回路试验顺利与否的关键。每路试验结果符合要求后，再将分拆开的系统回路复位，连接成系统。

③系统试验前有关试验的硬件试验、软件功能试验和系统相关回路的试验已完成。

④系统试验中要与相关专业配合，共同确认系统试验的功能正确性，并对试验中相关设备和装置运行状态和安全防护采取必要措施。

⑤系统试验完成后，试验结果形成记录，相关各方共同签字确认。

（5）自动化仪表工程施工程序

自动化仪表是对机电设备运行情况进行监视、测量、调节的重要设施，有比较简单的就地安装仪表系统，也有经传感器测量变送器转换，经一定路程传送至集中控制室的集中系统。无论何种系统，均有取源部件安装。其程序安排要与其他专业设备、管路的安装相衔接；仪表盘、柜、箱的安装要与土建工程相衔接；集中敷设的长距离仪表线路和仪表管道也需与土建工程衔接。这三类都属外部衔接。仪表自身施工程序的安排要符合施工工艺规律，仪表设备、材料供货状况制约着仪表工程施工程序的安排。仪表工程施工的一般程序如下：

①对相关土建工程检查确认，确定是否符合仪表工程安装条件。

②对其他相关专业工程确认，确定是否可以安装取源部件。

③传感器、变送器、显示记录调节仪表的单体校验，对仪表、盘、柜、箱进行外观检查和内部接线配管检查。

④传感器、变送器、仪表、盘、柜、箱、显示记录调节仪表固定就位。

⑤仪表线路、仪表管道敷设、并进行线路绝缘检测、管道吹扫通气。

⑥配合工艺管道试压吹扫时，拆除管道上所附的传感器、流量孔板、调节阀等元件，工艺管道吹扫冲（清）洗完成后复位。

⑦仪表线路和仪表管道与仪表设备、元件等接线接管，形成完整的测量调节系统。

⑧系统检查、回路试验、系统试验。

⑨配合整个机电安装工程有负荷（投料）联合试运行。

⑩资料整理，交工验收准备，待机交工。

1.11 工 业 管 道 安 装

1.11.1 管道预制组装技术要点

管道预制多半采用在管道预制场或在安装现场搭设平台进行。

（1）管道预制组装件划分的原则

1）管道预制必须按管道系统单线图施行。

2）管道预制件便于运输、便于吊装和装配。

3）尽可能以平面组合件和单个管件装配复杂的空间组合件。

4）每条管线上尽可能减少组合件的数量，并尽量采取扩大组合件。

5）自由管段与封闭管段的划分应合理，封闭管段按现场实测后的安装长度加工。

（2）管道预组装注意事项

1）进入管道预制场的所有材料，均需认真检验，应符合现行有关规范的规定。

2）管道的加工，包括管子的切割、弯管制作、管口翻边、夹套管等的加工，均按现行有关规范进行。

3）管道的预制、组装应以设计图纸为依据，但具体操作时，管段接口之间的几何尺寸必须以现场实测的管道单线图为标准。忽略这一点，会因设计与实际的误差产生返工的后果，必须引起足够的重视。

对有立面变向的管段，可以将闭合管段暂不加工，作为预留活口，便于最后调整。

4）对焊后热处理的管段，必须严格执行操作工艺要求，应做出明显的标志。

5）组装成型的管道，搬运时必须有足够的刚性，必要时可以采用临时加固措施，防止产生永久变形。

6）对全部加工程序完毕的管道，必须及时做好标志。在统一设定的位置，标明其管道系统号和加工顺序号，便于核对，防止出现差错。

7）出场前的管道预制件要认真清理管腔，若有脱脂、或通球要求的预制件必须按规定完成。临时封闭管口，防止杂物进入。

1.11.2　管道连接技术要点

根据管材和使用条件的不同，管道连接方式有：螺纹连接、法兰连接、焊接、承插式连接和粘接等多种方式。各种管道的连接方法必须按设计文件的规定进行。

（1）螺纹连接

螺纹有英制和公制两种，管道连接多使用英制螺纹，螺纹间的填料常使用生胶带和麻丝。

（2）法兰连接

1）法兰的标准和种类繁多，常用的法兰有：凸面式平焊法兰、凸面带颈平焊法兰、凹凸面带颈平焊法兰、榫槽面带颈平焊法兰、凸面对焊法兰、凹凸面对焊法兰、榫槽面对焊法兰、环连面对焊法兰、松套法兰等。

2）法兰安装时，检查法兰密封面及密封垫（环），不得有影响密封性能的缺陷存在。

3）密封件（垫片、环垫）、软垫片的周边应整齐，其尺寸与法兰密封面相等。对于软钢、铜、铝等金属垫片，出厂前未进行退火处理时，安装前应进行退火处理。对于金属环形垫，订货加工时应要求工厂进行退火处理，安装前不得再进行退火处理。

当大直径垫片需要拼接时，应采用斜口搭接或迷宫式拼接，不得平口对接。

不锈钢管道法兰使用非金属垫片，其氯离子含量不得超过 50×10^{-6}（50ppm）。

4）紧固法兰螺栓时，各螺栓受力均匀，紧固中、高压管道螺栓时应使用扭矩扳手。

不锈钢、合金钢螺栓和螺母、管道介质温度>100℃或<0℃时的螺栓和螺母、处于大气腐蚀环境或输送腐蚀介质的管道上螺栓和螺母、露天管道的螺栓和螺母要涂二硫化钼油脂、石墨机油或石墨粉加以保护。

（3）管道焊接

1）管道施焊前，根据工程特点和钢种．做出焊接工艺评定，确定合理的焊接技术参数，重要的工程要编制焊接方案或焊接作业指导书。

2）凡承压管道的焊接，承重的支、吊架焊接均要具有合格证的焊工施焊，并持证上岗。

3）正确使用焊条、焊丝和焊剂。电焊条在使用前按规定进行烘干处理，施焊时使用电焊条储存箱存放。

4）外径小于 57mm 的管子采用气焊焊接，外径≥57mm 的管子采用电焊焊接。

5）管子的对接坡口形式和角度按设计图样或规范的规定，中、高压管道的坡口应采用机械（例如坡口机）加工的方法加工。

6）焊接预热

确定焊前预热的因素较多，需根据环境湿度、钢种、管子壁厚、结构刚性、焊接方法及使用条件来确定。预热温度应符合设计文件要求或规范的规定。

7）中、高压管道，输送有毒或剧毒介质的管道，输送易燃易爆介质的管道以及对管内清洁要求较高且焊后不易清理的管道，选用电焊时，应采用氩电联焊的方法，即氩弧焊打底、手工电弧焊的方法。

8）不同壁厚的管子对接时，其错边量或需进行修整时均要符合规范的规定。

9）除设计文件规定冷拉伸或冷压缩焊口外，不得强行组对。

10）焊口距离墙壁，距离支、吊架，距离弯管的起弧点均要符合规范的规定，焊口不允许置于墙内或楼板内。

11）需预拉伸或预压缩的管道焊口，组对时所使用的工具应待整个焊口焊接及热处理完毕并经焊接检验合格后方可拆除。

12）焊后检查、检验和试验

焊缝表面的检查，主要检查焊缝余高度、宽度、咬边程度等是否符合规范的规定。

设计要求需进行焊缝表面无损检验的焊缝，需选用磁粉或液体渗透检验，有热裂纹倾向的焊缝应在热处理后进行检验。

射线检验和超声波检验，按设计文件或规范进行检验并符合规定。

压力试验是焊接检验的不可缺少的程序，通常方法有液压试验和气压试验。一般与管道分段或系统试验同时试验，无特殊要求的不单独进行焊缝的压力试验。

13）对于设计文件要求或有应力腐蚀的管道的焊缝，在表面检查、检验、射线检验后必须进行热处理，并符合规范的规定。

（4）承插式连接

1）安装前清理承口内表面和插口外表面的污物及油脂，并符合要求。

2）对接时，承插口周边的间隙要均匀。

3）合理地选用填料，一般有：胶圈、石棉水泥、自应力膨胀水泥、青铅、沥青玛蹄脂等。

（5）粘接连接

粘接一般用于塑料管道的连接。连接的方式有承插式和对接口外加套箍两种，用胶料粘接。成品胶料或现场调配胶料均要按产品说明书使用。

1.11.3 钢制管道安装技术要点

（1）管道安装准备

管道安装前应做好下列工作：

1）与管道有关的土建工程已检验合格，满足安装要求，并已办理交接手续。

2）与管道连接的设备找正合格，固定完毕。

3）管道组成件（用于连接或装配的元件，包括：管子、管件、法兰、垫片（环）紧固件、阀门和膨胀接头、挠性接头、耐压软管、过滤器及分离器等）及管道支承件已检验合格。

4）管子、管件、阀门等内部清理干净，对管内有特殊要求的管子，其质量已符合设计文件的规定。

5）对于有脱脂、内部防腐要求的管道，安装前必须完成。

（2）安装技术要点

1）预制管道应按管道系统号和预制顺序号进行安装。

2）管子的坡口加工必须符合规范的规定。对口的平直度必须符合规范的规定。管道连接时不得用强力对口、加扁垫或多层垫等方法来消除接口端面的空隙、偏斜、错口等缺陷。

3）管道的坡向、坡度应符合设计的要求。

4）合金钢管道安装时，局部弯度校正时，加热温度控制在临界温度以下。系统安装完毕后，应检查材质标记，若无标记必须查验钢号。

5）合金钢管道不应焊接临时支撑物，如有必要时应符合焊接的有关规定。

6）连接机械设备的管道安装，其固定焊口应远离设备。设备不得承受附加外力，管道与机械接口不允许强力对接。

7）不锈钢管道安装时，不得用铁质工具敲击，应采用机械或等离子方法切割。安装时不允许与支架之间垫入不锈钢或氯离子含量超过 50×10^{-6}（50ppm）的非金属垫片。

8）法兰、焊缝及其他连接件的设置要便于检修，并不得紧贴墙壁、楼板和管架。

9）穿墙及过楼板的管，应加套管，焊缝不宜置于套管内。穿墙套管长度不得小于墙厚。穿楼板长度应高出楼面50mm。穿入屋面的管道应设置"水肩"和防雨帽。管道与套管的空隙填塞不燃材料。

10）管道安装时，按设计文件的规定，应及时安装支、吊架，并进行调整，使之位置正确，平整牢固，与管子接触应紧密。

11）管道安装时，按设计文件的规定，应及时安装补偿器，并符合规范的规定。

12）管道预拉伸或压缩：预拉伸（或压缩）区域内固定支架间除预控口外所有焊缝已焊接完毕，需热处理的焊缝已作热处理，所有连接螺栓已拧紧，支吊架已安装完毕，支、吊架中弹簧已按设计值压缩并临时固定，不使弹簧承重管道荷重。

13）当预拉伸管道的焊缝需热处理时，热处理完毕后拆除预拉伸设置的临时卡具。

14）仪表阀件、取源件的开孔和焊接，应与管道安装同步进行。

15）管道膨胀指示器，应按设计文件装设，管道吹洗前应将指针调至零位。

16）蠕胀测点和监察管段的安装位置，应按设计文件的规定，设在便于观测的位置，并符合规范的规定。

17）管道热态、冷态紧固螺栓紧固时的温度应按规范的规定，并保持工作温度2h后进行。管道最大内压力根据设计压力确定。当设计压力≤6MPa时，热态紧固时最大内压力为0.3MPa；当设计压力＞6MPa时，热态紧固时最大内压力为0.5MPa。冷态紧固要卸压进行，并应有安全措施，保证操作人员安全。

18）对于有应力腐蚀的管道或设计文件要求焊后热处理的管道，焊缝必须进行热处理，并符合现行有关规范的要求。

19）管道安装完毕，按设计文件或规范的要求进行压力试验、系统吹扫或清理。

1.12 工业炉窑内衬施工

1.12.1 炉窑内衬的一般施工方法

炉窑内衬施工主要包括：耐火材料验收、运输和保管，耐火材料的砌筑，耐火浇筑料的施工和耐火喷涂料的施工。

（1）耐火材料验收、运输和保管的要求

1）运至工地的耐火材料和制品应具有质量证明书和生产厂制定的施工方法说明书。证明书上应按牌号和砖号分别列出各项指标值，并注明是否符合标准、技术条件和设计要求。必要时应由实验室检验。

2）对耐火砖的外观检查验收，应根据炉窑所用耐火材料标准中所列项目进行全数检查或批量抽查，以判定是否符合有关技术要求。

3）大型工业炉的耐火材料宜采用集装箱运输，箱内包装应符合有关装卸要求。运输和保管耐火材料时应预防受湿。受潮易变质的耐火材料，应采取防潮措施。

4）运至工地仓库内的耐火材料，应按牌号、砖号和砌筑顺序合理规划和堆放，并做出标志。

5）不定型耐火材料、耐火泥浆、结合剂等必须分别保管在能防止潮湿和防污垢的仓库内，不得混淆。易结块的不定型耐火材料堆放不宜过高。对包装破损处的物料明显外泄、受到污染或潮湿变质时，该包则不得使用。

6）对有时效性的不定型耐火材料，应根据不同结合剂和外加剂的保管要求，采取措施妥加保管，并标明其名称、牌号和生产时间。

（2）耐火砖砌筑的一般规定

1）根据所要求的施工精细程度，耐火砌体分为几类，各类砌体的砖缝厚度，应符合下列规定：

①特类砌体不大于 0.5mm；

②Ⅰ类砌体不大于 1mm；

③Ⅱ类砌体不大于 2mm；

④Ⅲ类砌体不大于 3mm；

⑤Ⅳ类砌体大于 3mm。

2）砌体膨胀缝的数值、构造及分布位置，均应由设计规定。每米砌体的膨胀缝数值可采用下列数据作依据：

①黏土砖砌体为 5～6mm；

②高铝砖砌体为 7～8mm；

③刚玉砖砌体为 9～10mm；

④镁铝砖砌体为 10～11mm；

⑤硅砖砌体为 12～13mm；

⑥镁砖砌体为 10～14mm。

3）砌砖前，应根据炉子中心和标高检查砌体的各部分尺寸和相关标高。

4）不得在砌体上砍凿砖。砌砖时，应用木槌或橡胶锤找正，泥浆干固后，不得敲打砌体。砖的加工面不宜朝向炉膛、炉子通道内表面或膨胀缝。

5）砌砖中断或返工拆砖时，应做成阶梯形的斜槎。

6）留设膨胀缝的位置，应避开受力部位、炉体骨架和砌体中的孔洞。砌体内外层的膨胀缝不应互相贯通，上下层应互相错开。

7）炉底分为死底和活底：砌筑时先砌底后砌墙，墙压在底上，这种底叫死底；先砌墙后起底，这种底叫活底。

非弧形炉底、通道底的最上层的长边，应与炉料、金属、渣或气体的流动方向垂直，或成一交角。

8）圆形炉墙应按中心线砌筑，当炉壳的中心线垂直误差和直径误差符合炉内形的要求时，可以炉壳为导面进行砌筑。

9）圆形炉墙不得有三层或三环重缝，上下两层与相邻两环的重缝不得在同一地点。

10）拱和拱顶必须从两侧拱脚同时向中心对称砌筑。砌筑时，严禁将拱砖的大小头倒置。拆除拱顶的拱胎，必须在锁砖全部打紧、拱脚处的挖沟砌筑完毕以及骨架拉钩的螺母最终拧紧之后进行。

（3）耐火浇筑料的施工

1）成品耐火浇筑料通常根据生产厂提供的施工说明书规定的配合比要求进行施工。

2）模板的类型有固定式、吊挂式和工具式等。模板支设时应符合下列规定：

①尺寸准确，符合设计规定；

②支撑牢固，模板组合安装便于施工，搭接缝严密，不漏浆；

③对腐蚀性或粘结性较强的耐火浇筑料应在模板内设隔离层；

④预留膨胀缝用的木条等应固定牢靠，避免受振动时易位；

⑤模板在施工前应涂刷脱模剂，以防粘结。

3）耐火浇筑料锚固件的设置应按设计规定，通常在低温部位采用金属锚固件，高温部位采用陶瓷锚固件。

4）浇筑料的一次搅拌量应以30分钟以内用完为准。

5）浇筑料应连续进行浇筑，在前一层浇筑料初凝前，应将下一层浇筑料浇筑完，如施工间歇超过其初凝时间，应按施工缝要求处理。

6）当采用插入式振动棒时，浇筑层厚度不应超过振动棒作用部分长度的1.25倍，当用平板振动器时，其厚度不应超过200mm。

7）硅酸盐耐火浇筑料适宜于浇水养护，对高铝水泥浇筑料尤为重要。水玻璃浇筑料应保持在干燥的环境中养护，不得浇水。磷酸盐浇筑料切忌用水或蒸汽养护，而应在干燥环境中养护；如环境温度低时，需进行低温烘干。

8）不承重模板，应在浇筑料强度能保证其表面及棱角不因脱模受损坏时方可脱模。承重模板，则应在浇筑料达到使用强度70%时，方可拆模。

（4）耐火喷涂料的施工

1）规定厚度的喷涂层必须连续喷涂完成，不得中断分层喷涂。施工中断时，宜将喷涂料层接茬处做成直茬。复喷时，应在接茬处喷水湿润。

2）试喷时，喷枪操作工应首先调节喷水阀的用水量，以免产生料和水混合不均的现象，影响喷涂料质量。水过多时，喷涂料易流淌；水过少，回弹料将增加。

3）喷涂作业一般应自上而下进行，喷涂方向应垂直于受喷面，喷嘴与受喷面的距离宜为1m左右。操作时，喷嘴应不断地进行螺旋式移动，使粗细颗粒分布均匀。

4）附着在支撑件上和管道底部的回弹料应及时清理。

5）喷涂料厚度应及时检查，以便进行修整。必要时，应对料层进行精细加工。

1.12.2　炼铁高炉内衬施工技术要点

（1）砌筑前应具备的条件

1）基础耐热混凝土经检查合格，符合设计要求；

2）炉底钢结构、冷却管道和热电偶安装完毕，经检验合格；

3）炉壳及冷却壁安装检验合格；

4）风、渣口水套与炉口钢圈安装合格。

（2）高炉主要部位使用的耐火材料

1）炉底采用耐火浇筑料、碳素捣打料、炭素压入泥浆、焙烧炭砖（或自焙炭砖）；

2）炉缸采用大型焙烧炭块或热压小炭块，陶瓷杯采用复合棕刚玉砖、莫来石砖；

3）铁口组合砖采用刚玉质材料；风口采用刚玉质组合砖或碳化硅组合砖；

4）炉腹、炉腰主要采用碳化硅砖；

5）炉身上部主要采用优质黏土砖或高铝砖，中下部使用的耐火砖有炭化硅砖、刚玉砖、优质高铝砖或黏土砖；

6）炉顶部采用耐火喷涂料。

（3）主要部位施工技术要点

1）炉底找平层是炉底砌筑的基础，炉底标高以铁口或风口中心为准，先在炉底钢板上焊扁钢带控制标高为－2～0mm，炭捣打料捣打后扁钢不再取出，炭素捣打料必须捣打密实；

炉底各层炭砖砖缝交错，上下两层之间的砖缝宜错开30°，且最上一层炉底的砖缝方向与出铁口中心线成30°～60°角。炭砖砌筑使用炭块支架，固定支架支设要平直、牢固，每砌一排砖时要用活动支架和千斤顶顶紧，砌完顶紧后用木楔楔紧，并用水准仪和靠尺检查标高和平整度，超标部分进行磨平处理。

2）炉缸环砌炭砖和陶瓷杯同时砌筑，铁口带砌筑时，应先砌炭砖，严格按铁口中心线留设组合砖位置；陶瓷杯底砌筑时，支设导向支架，分四个方向同时砌筑。

3）风口组合砖砌筑前，应先测定风口大套对炉体中心的半径偏差及相邻风口大套之间的夹角偏差，砌筑时进行适当调整；风口组合砖应按预砌编号顺序进行砌筑。

4）炉缸以上部位紧靠冷却壁上下交错砌筑，某些大型高炉炉腰炉身段，采用多层冷却盘和数层金属托盘，冷却盘间砌筑刚玉砖或炭化硅砖，砌筑与冷却盘安装配合进行。砌筑到金属托盘时应注意仔细留设膨胀缝，托板上部用设计规定的材料找平，找平层的厚度要与冷却盘安装标高和相应砖层模数相适应。炉喉钢砖内浇筑料的填充与钢砖安装配合进行，每安装一层钢砖，填充一次浇筑料。

1.12.3　回转窑内衬施工技术要点

（1）砌筑前应具备的条件

1）窑体钢结构和转动机构安装完毕，经检查符合设计要求；

2）窑体空运转合格。

（2）回转窑主要部位使用的耐火材料

回转窑由于要抵御高温物料的腐蚀、冲刷、磨损，多使用镁铬砖、镁铝砖、高铝砖等，在工作层外使用隔热砖。

（3）主要部位施工技术要点

1）窑体可按长度分成几段进行砌筑，镁质砖内衬干砌，一般为环砌，在砖缝中夹入薄钢片。其他品种的耐火砖内衬均为湿砌，可环砌，也可采用错砌。

2）用支撑器砌筑：当窑体砌砖超过半周1～2列时，开始作转窑准备。待泥浆基本凝固后，沿内衬的最后几列砖设置木板或木方，木板应压住最外列砖厚度的3/4。每隔1.2～1.4m用支撑器支撑，木板与砖之间的缝隙用木楔楔紧。当窑体内径较大时，紧靠砖面以适当的距离焊以角钢用以加固，进行第一次转窑。转窑的速度必须缓慢，到位后，立即将窑体固定，防止因窑的偏重而自行回转。随即检查窑体砖是否有松动、裂缝、与炉壳脱离的情况，发现后应予补救和纠正。每段砌体需要转三次。

3）粘结法砌筑：本法的特点是，窑体转动时不需要支撑，借助胶粘剂的强度将砖固结在窑壳上，依次逐段砌筑、转窑，直至砌完。具体程序是：砌筑第一个粘结带，养护1小时；砌筑第一个非粘结带，转窑；转至非粘结带砌体的中心处于窑壳纵向中心的位置上；再砌第二个粘结带，养护后砌第二个非粘结带，并再转窑，直至该段砌完为止。

注意事项：

①粘结带砖与窑壳的接触面应光滑、洁净，壳内壁应除锈；

②胶粘剂应进行试配；

③粘结时，采取在窑壳上一面涂抹胶粘剂；

④砌体粘结后的1小时内，严禁受到撞击和振动。砌筑非粘结带时，不得将砖堆放在粘结带的砌体上面；

⑤湿砌时，要避免耐火泥浆与胶粘剂相互混淆。

4）不转动窑体的砌筑方法：先砌筑窑体的下半圆部分，根据施工力量可将下半圆部分一次砌完，也可分段砌筑。上半圆砌筑采用支撑器，随砌随支撑；砌至合门砖时，用千斤顶将砖顶紧，砌上合门砖，然后将特制的钢板打入砖缝，再砌第二环。

待回转窑砌体全部砌完后，将窑内清理干净，从窑头至窑尾按顺序打入加固钢板。接着使窑体旋转一定角度，再打入钢板，直至打不进为止。打入钢板时避免打坏耐火砖砌体。

1.12.4 铝电解槽内衬施工技术要点

（1）砌筑前应具备的条件

1）电解车间和槽大修车间基本建成，达到能防雨防雪。车间内的桥式起重机、组装生产线和加热炭素糊料设备安装完毕，应能使用；

2）有完整的压缩空气系统，施工时能保证不间断地供应压缩空气；

3）槽壳和槽下母线安装合格；

4）阳极炭块组安装应在电解槽上部结构安装工程全部完成，并经试运转合格；

5）电解槽竣工后能立即送电投产，若短时间内不能投产，应有完善的保护措施。

（2）电解槽主要部位使用的耐火材料

电解槽使用的耐火材料主要有：阴极与阳极炭块、侧部炭块、黏土砖、粘土质隔热砖、硅钙板、氧化铝粉、炭素捣打料、耐火浇筑料和防渗料。

（3）主要部位施工技术要点

1）阴极炭块组装应在专用工作台上进行，先将钢棒喷砂除锈，将炭块和钢棒定位后固定，固定前应将炭块、钢棒和炭素捣打料加热，用风动捣固机捣固，组装成一体。捣固要密实，确保其电阻符合设计要求。

2）槽底砌筑前，在槽壳上画出砖层线，隔热制品为干砌，砖缝内填氧化铝粉，黏土砖湿砌。

3）端部耐火浇筑料浇筑时应采用定型模板，严格控制浇筑料的加水量。

4）侧部炭块应预先用铣床铣平，保证砖缝符合设计要求；合门炭块位置，短部设在中间，侧部则以设在靠近角部炭块的第二块为宜。

5）阴极炭块组采用专用吊绳吊装就位。

6）炭素捣打料捣打是电解槽施工中关键环节，直接关系到生产后是否漏槽。首先将槽体和炭素捣打料进行加热，捣打前将炭块与料接触的部位喷涂一层焦油，然后分层进行捣打，各炭块的角部应更加注意，避免振捣不实。

1.12.5　热轧加热炉内衬施工技术要点

（1）开工前应具备的条件

1）厂房屋面安装完毕，并能防雨雪；

2）炉体钢结构安装完毕，并经检查验收确认合格；

3）炉底机械传动部件安装完毕，并试运转合格；

4）水冷管安装完毕，并试压合格；

5）步进梁经调试运转，确认符合设计要求。

（2）加热炉所用主要耐火材料

炉底采用黏土制隔热砖、黏土砖；炉墙采用隔热黏土砖、黏土砖、耐火浇筑料或可塑料；炉顶采用黏土砖、高铝砖、耐火浇筑料或可塑料；有些加热炉表面一层炉底采用镁砖。

（3）主要部位施工技术要点

1）下部换热室的砌筑

先检查底部铸铁算板是否符合设计要求。炉墙砌筑要平直，炉顶错缝砌筑。砌格子砖前，根据设计标高，结合铸铁算板的实际情况和砖的高度，画出每层砖格子的标高线和控制线，一般两列格子砖画一条线。

换热室全部砌完，经彻底检查并清扫干净，再将两端封墙上的塞子砖砌完。封墙钢板与砌体之间的空隙用石棉绳填满。

2）炉底的砌筑

加热炉炉底下面几层均为死底，最上一层为活底。砌砖前，应以炉底最上层砖的标高线为准，往下画出每层砖的砖层线在炉皮上，作为砌砖的依据。

最上层如采用镁砖，一般是人字形立砌（干砌或用镁质火泥湿砌），砖缝内填以干燥并过筛的镁质火泥。

各层砖砌筑时，按设计留设膨胀缝，相邻两层砌体的膨胀缝要错开。砌完后，将胀缝内用吸尘器清除干净并填以胀缝用材料。

砌连续式加热炉的均热带炉底时，要严格保持砌砖表面与金属导轨上表面之间的设计距离。炉底埋设的金属件与砌体接触处均应按设计要求留设膨胀缝。均热带炉底砌体的上面通常填铺镁砂。

3）炉墙的砌筑

砌砖前，根据炉膛的尺寸在炉底上画出底盘线，炉墙的标高则按炉顶的形状画在炉壳上。炉墙由外向内在高度方向每1.2m为一个循环分段进行施工，直砌到要求的标高为止。

砌筑耐火砖时，按图纸要求留设膨胀缝，并留成锁口式。烧嘴和拱门两旁各约1m范围内的炉墙不留膨胀缝。

浇筑料结构的炉墙，应注意以下几点：

① 在炉墙开孔处硅酸铝耐火纤维板不能直接与浇筑料接触，之间应为轻质黏土砖。

② 对锚固砖进行逐块检查，破损较重及有明显裂纹尤其是明显横向裂纹的锚固砖不能用。

③ 在轻质砖与浇筑料的接触面上要涂一层约 2mm 厚的密封涂料，以防止浇筑料的水分被轻质砖吸收。

④ 在振动过程中，避免振动棒碰撞锚固砖，严禁打坏锚固砖。

⑤ 浇筑料需在自然环境中养护，严禁浇水和雨淋，养护时间应大于 3d。

4）炉顶浇筑：

施工顺序：支模（并将胀缝位置划在模板上）→铺炉顶与炉墙间的胀缝用硅酸铝耐火纤维毯→吊挂锚固砖→浇注耐火浇筑料。

炉顶浇筑可以膨胀缝为分界线，多段同时进行施工。每段一次浇筑完毕，不允许中途停工。

锚固砖吊挂就位后在其顶部与小吊梁用间木楔打紧，使其定位牢固，不晃动。

浇筑料布料一次布料至设计厚度，不许将料薄薄地铺在模板上，以防止浇筑料分层、剥落。

振动后表面自然形成水平，不要用抹子等工具擦抹表面，以利于气泡的排出。

1.13 施工过程质量检验

1.13.1 土工检验

（1）概述

在工程上，土分为 8 类，16 个级别，土的工程性质包括土的可松性、压缩性、休止角。土的可松性指土经过挖掘以后，组织破坏，体积增加，以后虽经过回填压实，仍不能恢复成原来的体积。土的压缩性是指取土回填或移挖回填，松土经运输、填压以后，均会压缩。土的休止角指土在某一状态下的土体可以稳定的坡度。

土一般由固相、液相和气相三部分组成，土的性质取决于各相的特性及其相对含量与相互作用。这三部分之间的比例关系随着周围条件的变化而变化，这三者相互间比例不同，反映出土的不同物理状态，如干燥、稍湿或很湿，密实、稍密或松散。为了研究土的物理性质，就需要掌握土的三个组成部分之间的比例关系，即土的物理性质指标。工程中常用的有关土工物理性质的实验有：

1）地基土的现场静载试验；

2）地基土的工程地质勘查；

3）含水率实验；

4）密度实验；

5）土粒密度试验；

6）颗粒分析试验；

7）三轴压缩试验；

8）击实试验；

9）承载比试验；

10）回弹模量试验；

11）渗透试验；

12）固结试验；

13）黄土湿陷试验。

（2）地基土的工程地质勘查

这里主要介绍工程中常用的触探法。触探法是通过探杆用静力或动力将探头贯入土层，并测量各层土对触探头的贯入阻力大小，从而间接地判断土层及其性状的一种勘查方法和原位测试技术，作为勘探方法，触探法可用于划分土层，了解地层的均匀性；作为测试技术，则可估计黏性土、软土和沙土地基容许承载力、变形模量和压缩模量。圆锥动力触探是常用的一种方法，它是利用一定重量的落锤，以一定的落距能量将与触探杆相连接的圆锥形探头打入土层，根据打入的难易程度得到每贯入一定深度的锤击次数作为表示地基强度的指标，来判定土的工程性质，也是一种原位测试方法。圆锥动力触探适用于各类土及强风化的硬质岩石。可探得触探指标 N_{10}，N_{28}，$N_{63.5}$，N_{120}，既可确定土的容许承载力、变形模量，也可划分土层，了解土层均匀性，确定沙土、圆砾及卵石层的孔隙比。

1.13.2 构件强度与连接检验

（1）混凝土试块的检验

混凝土强度是代表混凝土构件质量的主要指标。目前一般是用试块试压测定强度。因此试块必须具有代表性和真实性，使试块能够真实反映构件的情况。

混凝土试块检验分试块制作、养护和试压测定三个主要步骤进行。预制试块的要求按有关要求执行。

（2）钢筋焊接接头的检验

1）闪光对焊接头的检验

钢筋闪光对焊接头的检验项目是接头的拉伸和弯曲试验，应达到设计规定要求。检验批的划分是以在同一班内，由同一焊工按同一焊接参数完成的 200 个同类型接头为一批。一周内连续焊接时，可以累计计算。一周内不足 200 个接头时，亦按一批计算。从每批成品中切取拉伸试件和弯曲试件各 3 件。

2）电渣压力焊接头的检验

钢筋电渣压力焊接头的检验项目是作接头的拉伸试验，应达到设计规定要求。检验批的划分是以 300 个同类型接头（同钢筋级别、同钢筋直径）为一批。在现浇钢筋混凝土框架结构中，每一楼层中以 300 个同类型接头为一批。不足 300 个时，仍作一批。从每批中切取 3 个拉伸试样。

3）电弧焊接头、气压焊接头、预埋件钢筋 T 形接头的检验

以上三种焊接类型接头的检验项目均为作拉伸试验，要求达到设计规定。检验批的划分：电弧焊接头以 300 个同类型接头为一批；气压焊接头以 200 个同类型接头为一批；预埋件钢筋 T 形接头以 300 个同类型接头为一批。试件切取教量，均为每批中切取 3 个拉伸试件。

（3）钢结构焊接的检验

钢结构焊接的检验是指冶炼工程钢结构制作和安装中的钢构件焊接和焊钉焊接的检验。

检验内容分三个方面：焊工技术素质的检验；焊接材料的检验以及焊缝质量的检验。

1) 焊工技术素质的检验：对焊工的技术要求是必须经考试合格并取得合格证书。持证焊工必须在其考试合格项目及其认可范围内施焊。检查数量要求全数检查。检验方法是检查焊工合格证及其认可范围、有效期。

2) 焊接材料的检验：焊条、焊剂、药芯焊丝、熔嘴等在使用前，应按其产品说明书及焊接工艺文件的规定进行烘焙和存放。检查数量要求全数检查。检验方法是检查质量证明书和烘焙记录。

3) 焊缝质量的检验：主要检验内容是对设计要求全焊透的一、二级焊缝采用超声波探伤进行内部缺陷的检验；超声波探伤不能对缺陷作出判断时，应采用射线探伤，其内部缺陷分级及探伤方法应符合现行国家标准《焊缝无损检测 超声检测 技术、检测等级和评定》（GB/T 11345—2013）或《金属熔化焊焊接接头射线照相》（GB/T 3323—2005）的规定。检查数量是进行全数检查。检验方法是检查超声波或射线探伤记录。

T形接头、十字接头、角接接头等要求熔透的对接和角对接组合焊缝，其焊脚尺寸不应小于 $t/4$（t 为板厚）。设计有疲劳验算要求的吊车梁或类似构件的腹板与上翼缘连接焊缝的焊脚尺寸为 $t/2$，且不应大于 10mm，焊脚尺寸的允许偏差为 0～4mm。检查数量是全数资料检查；同类焊缝抽查 10%，且不应少于 3 条。检验方法是观察检查，用焊缝量规抽查测量。

焊缝表面不得有裂纹、焊瘤等缺陷。一级、二级焊缝不得有表面气孔、夹渣、弧坑裂纹、电弧擦伤等缺陷，且一级焊缝不得有咬边，未焊满、根部收缩等缺陷。检查数量是每批同类构件抽查 10%，且不应少于 3 件。被抽查构件中，每一类型焊缝按条数抽查 5% 且不应少于 1 条，每条检查 1 处，总抽查数不应少于 10 处。检验方法是观察检查或使用放大镜、焊缝量规和钢尺检查，当存在疑义时，采用渗透或磁粉探伤检查。

4) 焊钉（栓钉）焊接检查：全数检查焊接工艺评定报告和烘焙记录。焊钉（栓钉）焊后应进行弯曲试验检查，其焊缝和热影响区不应有肉眼可见的裂纹。检查数量每批同类件抽查 10%，且不应少于 10 件；被抽查构件中，每件检查焊钉数量的 1%，但不应少于 1个。检验方法是焊钉（栓钉）弯曲 30°后用角尺检查和观察检查。

焊钉（栓钉）根部焊脚应均匀，焊脚立面的局部未熔合或不足 360°的焊脚应进行修补检查数量是按总焊钉（栓钉）数量检查 1%，且不应少于 10 个。检验方法是观察检查。

(4) 高强度螺栓连接的检验

高强度螺栓连接是钢结构制作和安装中构件连接的形式之一。主要用于重要承载部位的钢构件之间的连接，如钢柱与框架主梁的连接，钢吊车梁、制动板之间的连接等。

高强度螺栓连接的检验包含以下内容：摩擦面抗滑移系数的检验；终拧扭矩的检验；未拧掉梅花头的螺栓的检查；螺栓丝扣外露数量的检查以及被扩螺栓孔的检查等。

1) 摩擦面抗滑移系数的检验

钢结构制作和安装单位应按规范规定分别进行高强度螺栓连接摩擦面的抗滑移系数试验和复验，现场处理的构件摩擦面应单独进行摩擦面抗滑移系数试验，其结果应符合设计要求。检验批划分为每 2000t 为一批，不足 2000t 的可视为一批。每批三组试件。检验方法是检查摩擦面抗滑移系数试验报告和复验报告。

2）终拧扭矩的检验

高强度大六角头螺栓连接副终拧完成 1h 后、48h 内应进行终拧扭矩检查。检查数量按节点数 10％且不应少于 10 个；每个被抽查节点按螺栓数抽查 10％，且不应少于 2 个。检验方法分扭矩法检验和转角法检验两种。

3）未拧掉梅花头的螺栓的检查

当因构造原因无法使用专用扳手终拧掉梅花头者，其螺栓数不应大于该节点螺栓数的 5％。对所有梅花头未拧掉的扭剪型高强度螺栓连接，应采用扭矩法或转角法进行终拧并作标记。检查数量为按节点数抽查 10％，但不应少于 10 个节点，被抽查节点中梅花头未拧掉的扭剪型高强度螺栓连接副全数进行终拧扭矩检查。检验方法是观察检查及规范要求。

4）螺栓丝扣外露数量的检查

高强螺栓连接副终拧后，螺栓丝扣外露应为 2～3 扣，其中允许有 10％的螺栓丝扣外露 1 扣或 4 扣。检查数量，按节点数抽查 5％，且不应少于 10 个。检验方法为观察检查。

5）被扩螺栓孔的检查

高强度螺栓应自由穿入螺栓孔。高强度螺栓孔不应采用气割扩孔，扩孔数量应征得设计同意，扩孔后的孔径不应超过 1.2 倍螺栓直径。检查数量要求对被扩螺栓孔全数检查。检验方法是观察检查及用卡尺检查。

第 2 章　冶炼工程施工管理实务

2.1　施工组织设计

2.1.1　施工组织设计概要

工程项目施工组织设计是对整个工程项目施工活动的统筹规划和全面安排，是对项目施工进行科学管理的重要环节。每个工程项目开工前，都应认真编制施工组织设计。

冶炼工程中的中小型工程是指规模较小的单项工程，或者是一个大系统工程中的某一个局部、某一个单位工程。本节重点介绍单位工程的施工组织设计，并针对冶炼工程整体性、系统性强的特点，突出强调施工总体部署和关键子项目投产点安排的重要性。

（1）施工总体部署

施工总体部署是站在全局的高度，对整个项目施工的总体考虑和战略安排。其主要内容包括：

1）项目的质量、安全、进度、成本等目标。

2）项目的组织管理体系。

3）项目总、分包合同结构。即根据项目的结构组成，决定总、分包的任务划分和合同关系。

4）施工程序。指总施工顺序的确定，各单位（或分部）工程开工的先后次序，总体施工方案，主体工程和公共辅助工程施工的逻辑关系，各专业施工的配合关系等。

5）针对本项目的管理基本原则与指导思想。其中必须明确：项目经理（项目负责人）是企业法人代表在本工程项目上的代理人，受企业法人代表的委托，负责全面履行与业主方签订的工程承包合同，对项目实行全方位的管理，对项目施工全过程的质量、工期、安全、文明施工负责。项目经理是本项目施工安全、质量的第一责任人。

（2）单位工程施工组织设计

单位工程施工组织设计是在施工总体部署确定的原则和总体安排之下，由施工项目负责人组织编制。其主要内容有：

1）工程概况；

2）本项目施工特点、难点分析；

3）主要分部分项工程施工方案；

4）单位工程施工进度计划；

5）各项资源使用计划；

6）保证施工安全、质量、进度的技术措施；

7）单位工程施工总平面图设计。

如果本项目是单独的一个单位工程，可以将施工总体部署与施工组织设计结合起来考虑，把两部分的内容合起来编制。

（3）关键子项目投产点的安排

由于冶炼工程的整体性、系统性强，任何一个环节没有搞好，整条生产线都无法运行；现代化的工艺设备对运行环境有严格的要求，水、电、油、风、气等各种能源介质，缺少任何一种都不能试车运转；冶炼工程的辅助配套项目多，各种原材料和辅助保证设施，任何一项不按要求投入，整个系统的联动试车就不能进行，更不能保证整个项目的顺利投产。因此，在安排项目施工进度计划时，应该认真列出所有的施工项目（工序），分析其相互之间的逻辑关系，正确运用网络计划技术，统筹安排各个子项目的施工顺序和进度控制节点，使各个子项目的竣工投产点能满足各种设备单机调试和整个系统联动试车、投产的需要。

一般来说，主体工程的工程量大，工期长，应该列为关键线路，优先组织施工，重点保证其按计划建成。同时应以主体项目的关键控制节点为主导，安排外围辅助工程的施工，使各种能源工程项目能及时建成投入运行，满足主体工程项目调整试车的需要。对于机修、仓库、通信、办公等设施，则应考虑生产单位生产准备工作的需要，安排在主体项目投产之前建成或与主体项目施工同步进行。

2.1.2 施工组织设计案例

【案例1】

（1）背景

某钢铁公司新建1800t热轧钢板工程，工程量大，工程项目多，主体工程由板坯库、加热炉、粗轧、精轧、卷取、精整区和磨辊间等组成。轧机基础埋深达－10.8m，板坯库、精整区设备基础埋深－5～－3m，要求24个月建成。

（2）问题

该工程施工总体部署应如何考虑？施工顺序如何安排？

（3）分析

施工总体部署：针对本工程的特点，实行分区段、分层次组织施工，在平面上分区段，在空间上分层次；在工艺逻辑关系正确、技术合理、施工能力允许的条件下，尽可能地优化网络进度计划，组织平行流水和立体交叉作业，力求实现"工序搭接，施工连续，工期最短"的目标。

施工顺序安排的原则如下：

轧机领先，深基提前；

中间开花，两头推进；

轧线开口，两翼闭口；

先下后上，先深后浅；

由点及面，多头起吊；

主辅同步，能源优先。

①"轧机领先，深基提前"——精轧机是主轧线施工的关键，7台精轧机连续布置，安装工作量大，而且设备基础最深，土建和安装需用的工期最长，所以精轧机要领先施工，轧机基础施工更要提前进行。

②"中间开花，两头推进"——精轧机位于主轧线中部，中间开花体现了轧机领先，然后分别向两头推进，两个工作面同时进行建筑安装，有利于施工组织和缩短工期。

③"轧线开口，两翼闭口"——轧线设备基础几乎遍布于主轧跨厂房内整个平面，且埋置深度很深，厂房柱基和设备基础必须同时施工，所以只能采用开口施工方案，设备基础和厂房基础在厂房结构安装前露天施工；两翼（板坯库和精整区）设备基础埋置深度较浅而且分散，允许采用闭口施工方案，就先施工厂房，在封闭了的厂房内进行设备基础施工和设备安装。总的来说，闭口施工的优点多于开口施工。

④"先下后上，先深后浅"——是指地下构筑物及厂房土建工程施工中，应尽量按照先地下、后地上的顺序进行。相邻的工程项目，最好是采用先地下、后地上，地上地下一刀切的方案，即将区域内的房屋基础、设备基础、管线支架基础、地下电缆通道、地下管网等一并完成。与此同时，必须做到先深后浅，防止深基础后施工对先施工的浅基础建、构筑物造成沉降、位移等不利影响。特别是对于旋流池、冲渣沟等深基坑工程，必须贯彻"深基提前"的原则，提前施工。

⑤"由点及面，多头起吊"——是指厂房钢结构安装，既要按一定顺序进行，又要积极创造条件增加吊装工作面，多头起吊，以压缩工期。本工程厂房钢结构安装从卷取区开始向加热炉方向推进，同时吊装主电室。在主轧线领先的前提下，精整区和板坯库厂房同时分头使用多台吊机平行安装。

⑥"主辅同步，能源优先"—— 从全局施工安排来看，主体工程要优先于外围辅助工程，但公用辅助项目不建成投运，主体项目也无法试车投产。因此要注意安排公用辅助项目与主体项目同步建成；特别要注意能源优先，及早安排建成供电系统、供水系统、地下油库及供气管道等设施，保证按主体项目的进度要求，及时受电、供水、供油、供燃气和压缩空气等各种介质，保证设备单机调整试车和系统联动试车、投产的顺利进行。

在组织能源介质系统工程施工时，如供配电系统，包括总降压、一级二级变电站、配电站、低压电线电缆及电气设备；供气系统，包括气体发生站、主干管、储气罐、加压站、支管、接户管路；供水系统，包括取水工程、主干线管、水处理站、加压泵站、支管、接户管路；由于站点的工作量较大、建筑安装所需的工期较长，因此，在安排施工顺序时要常按"先站后线"考虑，最终实现站建成，线也同时完成。

【案例2】

（1）背景

某钢铁公司建设球团矿厂。厂房桩基采用人工挖孔灌注桩，桩基础承台上表面标高－1.2m；厂房结构为二层现浇钢筋混凝土框架结构，下层为电气室，上层为机械室，屋面为钢屋架、彩钢屋面板；机械室内有圆筒造球机等设备和各种能源介质管道，设一台检修用35t桥式吊车。

（2）问题

如何安排该工程施工程序？

（3）分析

按照"先地下、后地上，主辅同步，立体交叉"的原则，施工程序安排依次如下：

1）施工准备；

2）人工挖孔桩施工；

3）桩基础承台施工；

4）一层厂房钢筋混凝土框架结构施工；

5）二层厂房钢筋混凝土框架结构及屋面施工；

6）机械室 35t 桥式吊车安装调试；

7）使用 35t 桥式吊车安装机械室内设备，同时进行能源介质管道施工；

8）在二层厂房钢筋混凝土框架结构施工的同时，进行一层厂房内外填充墙及室内装饰工程施工；

9）在安装机械室内设备的同时，进行一层电气室内设备安装；

10）电气室受电及电气室设备调试；

11）能源介质管道吹扫、开通；

12）机械设备单机调试；

13）无负荷联动试车；

14）在设备安装调试阶段进行厂房外墙装饰工程及室外总体工程施工。

【案例 3】

某转炉炼钢连铸工程施工组织设计（节选）：

目录

1. 总说明

1.1 编制依据

1.2 工程概况

1.3 工程主要实物量

1.4 工程特点和施工难点

1.5 关键工序/特殊工序的确定和控制

1.6 工程采用的主要技术标准和规范

2. 项目部组织管理机构

3. 施工总体部署

4. 施工总进度计划

5. 主要施工程序及方法

5.1 测量控制

5.2 土建工程

5.3 厂房结构工程

5.4 设备安装工程

5.5 电气及仪表安装工程

6. 施工总平面说明

6.1 施工用水

6.2 施工用电

6.3 临时道路及排水

7. 各项保证措施

7.1 劳动用工计划与施工机械配置计划

7.2 工期保证措施

1. 总说明

1.1 编制依据

(1) 本工程初步设计

(2) 本转炉炼钢连铸系统工程施工承包合同

(3) 国家现行施工规范和标准

1.2 工程概况

1.2.1 工程概况表

工程概况表

工程名称	××钢铁厂转炉炼钢连铸系统工程			
建设地点	××省××市			
生产能力	120T×1顶底复吹转炉，年产120万t合格钢水（一期） 5机5流R8连铸机2台，年产120万t方坯			
产品大纲	年产棒材80万t，方坯40万t			
建设单位	××钢铁有限公司			
设计单位	××冶金规划设计院			
总包单位	××建设有限公司		项目经理	×××
监理单位	××监理有限公司		总监	×××
工程部位 名称	转炉工程		连铸工程	
	主厂房	公辅设施	主厂房	公辅设施
建筑面积	22870m²		23960m²	
基础类型	冲孔灌注桩、钢筋混凝土承台	钢筋混凝土独立基础	冲孔灌注桩、钢筋混凝土承台	钢筋混凝土独立基础
结构类型	全钢结构多层框架和单层多跨	砖混和钢筋混凝土框架及夹芯保温板	全钢结构单层多跨厂房	砖混和钢筋混凝土框架及夹芯保温板
层数	7层	1、2、4层	单层	1、2、3层
标高	72m		35.5m	

1.2.2 炼钢连铸工艺布置

(1) 总平面布置见附图（略）

（2）炼钢车间包括炉渣跨、加料跨、转炉跨、钢水接受跨、浇铸跨、出坯跨。

车间组成、起重机配置及主要设备表

序号	跨间名称	尺寸（m）			厂房面积（m²）	起重机配置	主要设备
		长	宽	轨面标高			
1	炉渣跨	142	18	17	2556	2×75/20t	
2	加料跨	363	24	23	8712	2×180/63t 1×30+30t	废钢区 铁包烘烤装置
3	转炉跨 其中转炉 高层框架	363 102	15	51	5445	1×10t	1座120t转炉 氧枪维修区
4	钢水接受跨	363	24	25	8712	2×200/63t	
5	浇铸跨	363	30	24	10890	2×80/20t	2台5机5 流连铸机
6	维修出坯跨	363	36		13068	3×（16+16t）	

其中转炉跨6-11/D-E线为高层框架结构，共分设7层平台，各层平台标高分别为8.9m、20m、23m、31.3m、40.7m、49m、57m，其中顶吹阀站平台标高为44.6m和47.6m。高层框架两端各设一部楼梯，联系地面和各层平台，同时高层框架一端设一部电梯，便于检修，其余均为连续单层厂房，彩钢瓦维护。

（3）车间公辅设施

主要包括副原料、铁合金上料系统和投料系统，LF炉合金加料系统，炉渣处理系统，一次除尘设施，LF炉除尘设施，烟气净化及煤气回收系统，热力、燃气、给排水等专业介质管道系统，三电与电信设施。

1.3 工程主要实物量

序号	名称	单位	数量	备注
1	混凝土	m³	60000	
2	钢结构	t	30000	
3	彩色压型瓦	m²	87000	
4	机械设备	t	11000	
5	电气设备	台	17000	
6	电缆	km	530	

1.4 工程特点和施工难点

厂房层次多，工程量集中，施工平面狭窄，不能同时铺开，配合难；单件吊装重量大，施工难度大，技术要求高；工期紧，加工制作周期短，加工场地小。

1.4.1 钢结构安装始终是转炉工程的主要矛盾

转炉炼钢厂房钢结构量大，厂房高度高，加之各层平台上布置了大量工艺设备，结构、设备、管道施工交叉进行，相应投入的施工装备等资源也必然众多且施工工期长。另外，钢结构从设计——转化——备料——制作——安装都需要有一定的周期，尤其是设计图纸的交付将直接影响钢结构的备料、制作。因此,厂房钢结构能否按期制作与安装,是保证炼钢工程顺利完成的关键。本工程将投入 300t 履带吊 1 台、150t 履带吊 3 台,100t 履带吊 1 台、50t 履带吊 3 台,制定合理的吊装线路,保证钢结构厂房吊装。我们的指导原则是:分段推进抢高跨,结构设备同步装,主控加料保机电,交叉平行战外围。

1.4.2 厂房钢结构与设备安装同步进行

OG 系统位于转炉上部,在标高从 20～49m 的五层平台之间,有固定烟道,活动烟罩,中间段、斜烟道,尾部 Ⅰ、Ⅱ 段烟道,除氧器,气包等,同时烟气净化设备如重力脱水器、弯头脱水器、旋风脱水器、一文、二文以及投料系统料斗等,这些大型设备必须与厂房钢结构交叉同步进行,只有这样才能确保施工进度符合总工期的要求。

1.4.3 行车安装

加料跨两台 180/63t 大型起重行车、钢水接受跨各两台 200/63t 大型起重行车,轨面标高分别为 23.0m、25.0m,跨度为 24m,如此大型行车、主梁和主小车重量都特别大,需利用 300t 履带吊安装,安装时容易卡杆,安装时难度相当大,总的办法是根据实际设备情况采取特殊措施安装。因此,必须与行车制作厂和业主加强联络沟通,及时掌握设备到货时间和进场路线。

1.4.4 转炉安装

120t 转炉属大型转炉之列,托圈、炉壳尺寸、重量大,根据厂房形式及行车布置状况,采用吊装就位的方法困难较大,拟采用移动台架推进、液压顶升方法将托圈炉壳分段安装到位并焊接。移动台架由液压顶升设备及框架等组成。台车利用钢包车设备,移动台架设置在转炉加料侧(前门),托圈和上部炉壳首先推入放到轴承座上,下部炉壳后推入,与上部炉壳对口焊接。

转炉的传动系统也无法吊装到位,也需滑移、牵引,辅以千斤顶等配合穿入耳轴,完成 120t 转炉的安装任务。

1.4.5 施工场地较小

从总平面布置上看,厂房四周几乎被其他设施占满,施工区域可用于施工临时设施的用地非常小,给施工临时设施的布设带来困难。同时现场的钢结构堆放和材料堆放也非常困难。

1.4.6 炼钢、连铸区域转炉、精炼炉、连铸大包回转台、地下料仓等设备基础属于大体积混凝土,土方开挖及施工混凝土时须采取合理的施工流程及大体积混凝土施工技术。

1.4.7 为满足供配电系统形成前,机械设备安装使用行车(特别是 180t 行车)的要求,必须采用临时电源供电的方式。电源电缆需多根大截面电缆,电源取用点和电缆走向必须事先规划。一般在厂外采取电缆直埋方式,进入厂房后沿柱上升到滑触线。注意防止电缆在以后的施工过程中受到损伤。

1.4.8 三电调试复杂

转炉倾动、氧枪及副原料、铁合金系统均采用 PLC 控制,系统运行工艺甚为复杂,在联动试运转前,必须先作模拟方式的程序调试。模拟调试时原则上要求从现场检测器原端发出模拟检测信号。模拟调试通过之后,再投入实际设备作区域联调和综合联调,这样才能保证联动调试的工期和质量。

氧枪升降控制的准确性和精度要求甚高，影响的因素包括升降运行速度与制动行程、主令控制器调整的精度与控制响应时间。调试时除作好传动、检测、控制各单元的调整设定外，还需通过设备运行时的实测数据进行校正。

1.4.9 工艺布置形式特殊

本工程由于场地所限，炼钢连铸工艺布置较一般的工艺布置有很大的不同，呈连体布置，转炉区域、精炼炉区域及连铸的大包回转台区域布置连在一起，连铸的后部辊道区域布置在与其垂直的方向上，这给结构吊装施工带来一定的困难。

1.4.10 汽化冷却系统管道施工要求属锅炉管道范畴，必须按关键过程进行控制并做好相关记录。

氧气管道施工技术要求高，脱脂、不锈钢焊接、安装、试压、吹扫等工序控制严格，也必须按关键过程进行控制并做好相关记录。

1.5 关键工序/特殊工序的确定和控制

关键工序和特殊工序施工过程控制直接影响工程的质量，对此必须有预见性，做好预防控制措施，在专业施工方案中必须明确质量检查点和质量控制点，责任分解落实到人。

类别	序号	工序名称	措施落实	责任单位
关键工序	1	工程测量	工程测量作业指导书	测量
	2	柱基、设备基础、地脚螺栓埋设	作业指导书	土建
	3	转炉倾动装置、连铸机设备灌浆	基础灌浆作业指导书	土建
	4	深基坑作业	施工方案	土建
	5	转炉安装	施工方案	机装
	6	连铸机安装	施工方案	机装
	7	200t、180t 行车安装	施工方案	机装
	8	汽化冷却系统管道安装	施工方案	管道
	9	顶吹阀门站 氧气管道安装	施工方案	管道
	10	常用高压电缆头制作	作业指导书	电装
特殊工序	1	大体积混凝土施工	作业指导书	土建
	2	屋面防水工程	施工方案	土建
	3	钢结构涂装工程	涂装作业指导书	防腐
	4	介质管道涂装工程	涂装作业指导书	防腐
	5	管道吹扫和试压	作业设计	管道

1.6 工程采用的主要技术标准和规范（略）

2. 项目部组织管理机构（略）

3. 施工总体部署

根据工程特点和施工难点以及以往建设类似工程的经验，本工程的总体规划以科学性、先进性、合理性、经济性为指导思想，以实现三个同步、两个确保为目标，施工总体规划及施工流程安排的基本原则如下：

先深后浅、深基提前

双向推进、突出高跨

分区分段、平行流水

同步安装、立体交叉

先主后辅、能源优先

强化管理、分段组织

全面履约、提前建成

3.1 科学性、先进性、合理性、经济性——总体规划的指导思想

本工程具有当今世界钢铁环保搬迁项目先进水平。先进的工艺、优良的设备，需要有科学、先进的施工安装工艺和组织管理来实施完成，因此，本工程施工时，把科学性、先进性作为指导思想；把过去承担施工的炼钢连铸工程中积累、总结、提炼的科学、先进的施工安装工艺和组织管理方法与本工程的特点相结合，来制定本工程的施工总体规划，指导工程施工建设的顺利进行，保障炼钢连铸工程按合同要求全面建成。

合理性、经济性是在科学性、先进性的前提条件下，选择合理、经济而又能满足本工程施工技术、质量、进度、安全要求的具体实施方案，达到既能保证质量、工期，又能降低工程成本的目的，因此，合理、经济也是施工总体规划的指导思想。

3.2 三个同步、两个确保——实施总体规划的目标

三个同步：(1) 炼钢与连铸两大区域施工同步；

　　　　　(2) 结构与机、电设备安装同步（交叉）；

　　　　　(3) 设备安装与介质管道安装同步。

两个确保：(1) 确保合同规定的转炉、连铸投产目标；

　　　　　(2) 确保工程一次验收合格率100%。

3.3 先深后浅、深基提前——土建施工的基本原则

先深后浅、深基提前，是基本建设的基本程序所决定，也是保证工程质量的关键，本工程的施工也必须遵循这一基本原则，按序施工，确保质量；本工程的深基础主要包括转炉基础、LF、连铸设备基础、大包回转台基础、主厂房内隧道等。施工时因与周围的厂房柱基础相互影响，因此，在基础施工方案中统一考虑，作为土建施工的主矛盾线，同步施工。此外，分布在跨间的小型设备基础与结构吊装的吊机行走路线相关，该部分设备基础分两步施工，先施工±0以下部分，等结构吊装完成后再进行±0以上部分；主厂房内的浅基础待厂房结构安装完成后进行闭口施工。

3.4 双向推进、突出高跨、分区分段、平行流水——钢结构安装总程序

钢结构是炼钢连铸工程的关键线路和主矛盾线，钢结构安装程序的正确与否，将直接影响整个炼钢工程是否能够顺利展开，因此，经反复多次的研究，最终确定了以"双向推进、突出高跨、分区分段、平行流水"为总程序的钢结构安装方案，其主要内容是：

双向推进：是钢结构施工的总体安排，即钢结构安装从11线作为分界，分别向1线和19线两个方向同时推进。炉渣跨和废钢处理跨、原料通廊结构安装可作为机动安排。

突出高跨：钢结构安装中，加料跨、转炉跨、钢水接受跨三跨的重点是围绕高跨部分来进行。高跨安装是整个炼钢钢结构的主线，也是安装工作量最大的部分，因此，在整个钢结构安装过程中要始终抓住高跨部分的安装，为设备安装创造条件。

分区分段：分区是从整个炼钢连铸工程来看，为了施工组织的顺利开展，在总体上分成三个区域，即以炼钢主厂房高跨区6-11/C-F为一区，19-11/A-F为吊装二区，1-6/C-F

及 1-11/A-C 区域为吊装三区。以伸缩缝 11 线为分界线，安排三个安装队伍同时施工；分段就是连铸区和炼钢区分阶段进行。

平行流水：是在转炉厂房结构安装的施工组织上，主体两个区域按照平行流水的方法和思路来实施，这样有利于加快安装进度，保证总工期的实现。

3.5 同步安装、立体交叉——结构与机、电设备、介质管道安装的基本程序

根据炼钢工程的特点，主要的设备安装都与钢结构安装相关，因此，结构与机、电设备、介质同步安装，立体交叉是炼钢工程组织施工的主要特点，同步安装是本工程施工组织的关键和核心，本工程的同步安装主要包括前述的三个同步：

(1) 炼钢与连铸两大区域施工同步；

(2) 结构与机、电设备安装同步（交叉）；

(3) 设备安装与介质管道安装同步。

三个同步的关键是要抓住与钢结构关系密切、影响钢结构安装进度的分布在各层平台上大件设备的安装同步，如余热锅炉烟道、烟气净化设备、汽化冷却系统设备、副原料铁合金投料系统漏斗等设备，以保证整个钢结构安装的不间断和连续性。

立体交叉的重点是在转炉跨的高跨部分，这个区段的设备与结构在各层平台都有交叉，是立体交叉组织的关键点。

立体交叉的组织上，还要强调一个结构安装为转炉主控室施工、电气通道的形成、仪表设备的安装创造条件的要求，为各个专业的全面施工创造有利条件。

3.6 先主后辅、能源优先——主体与辅助工程的关系

先主后辅："辅"的安排对于本工程来讲有两个方面的因素。一是对于一个炼钢工程这样的综合性项目，在整个工程的整体安排上突出主体是必然的，否则，在整个工程的施工组织中就无法抓住关键线路和主矛盾线，对整个工程的施工组织是不利的，因此，必须按照先主后辅来组织施工；另一个方面辅助工程主要布置在主厂房内，施工周期不在主矛盾线上，完全可以闭口施工。

能源优先：是冶金工业建设的重要原则，能源介质是工业项目试运转的前提，对于炼钢连铸工程，能源介质的关键是电、氧气、氮气、氩气、蒸气、液压润滑和水、风及其他气等，所以，在突出钢结构和机、电设备安装的同时，必须抓好能源介质的施工，转炉系统的氧气、氮气、煤气及锅炉管道是本工程能源介质的重点，必须按工程总进度计划按时完成，保证试运转需要。

3.7 强化管理、分段组织——实施本工程的组织措施

强化管理是全面履行本合同的措施保证，包括按照本工程的特点和规律建立相应的具有强大指挥协调能力的项目组织管理班子，加强从施工准备、技术管理、质量管理、工程管理、安全管理、资金控制、文明工地管理到竣工资料管理等项目全过程的一切管理工作，严格执行×××钢铁公司制定的相关管理规定和制度，使工程实施过程中的每个管理环节都处于受控状态，全面推进工程建设。

分段组织是组织施工时分阶段实施的组织方法，按照本工程的工艺特点分五个施工阶段来组织并完成整个工程的建设，即施工准备阶段；柱基础、设备基础及电缆隧道施工阶段；厂房结构安装阶段；机、电设备及液压润滑介质安装阶段和设备试运转阶段，在施工组织上每个阶段都有搭接的，钢结构与机、电设备的安装既搭接又交叉。

3.8 全面履约、提前建成——承建本工程的承诺

3.9 施工总程序

3.9.1 施工总程序安排的原则

符合炼钢连铸工程建设的基本规律，分区组织施工，以柱基、设备深基础、电缆隧道施工为前提，厂房钢结构安装为重点和主矛盾线，双向推进，结构安装与机、电设备安装同步交叉为基本程序，能源介质保同步为本工程施工总程序安排的原则。

3.9.2 施工总程序（见炼钢、连铸施工总程序流程图）

4 施工总进度计划

4.1 工程施工总进度计划见进度计划表。

4.2 编制说明

（1）本总进度以业主随招标文件发放的施工工期要求、施工图发放进度及类似工程经验所制定的主要控制节点而展开。

（2）本总进度根据本工程的特点，依照施工总体规划制定的分区组织、双向推进、突出高跨、分段流水、先主后辅、能源优先的总程序，以三个同步、两个确保为总目标，以钢结构安装为主矛盾线；能源介质以供电、氧气、蒸气、煤气、锅炉管道等为重点进行编制。

（3）主厂房钢结构安装进度分为三大区，炼钢连铸主厂房钢结构安装各分两个区，以高跨结构安装为施工安排重点。

（4）机、电设备和主厂房内主控室、介质管道按照与钢结构安装交叉来考虑。

4.3 工程总进度的安排

4.3.1 安排原则

（1）以钢结构安装为关键线路；

（2）以土建施工保证钢结构吊装为前提；

（3）以钢结构安装与设备交叉施工为进度管理的核心和重点；

（4）以主控制室和各层平台施工为保证电气和能源介质管道的条件；

（5）以电气施工和能源介质施工保证试车调试。

4.3.2 保证工程总进度实施的各主要专业施工安排

4.3.2.1 土建工程施工安排

（1）土建工程分区施工，主要分为：转炉区、精炼区、铁水预处理区、连铸区、炉渣区、维修区。

（2）施工共分四个阶段：

第一阶段：厂房柱基、转炉基础、大包回转台基础。

第二阶段：电气室地下部分和上部结构、装饰。

第三阶段：厂房内电缆沟。

第四阶段：厂房钢结构屋面封闭后施工的浅基础，包括各种台车基础、精炼炉附属小基础、除大包回转台外的连铸机基础、铁水罐区及各类修包设备基础、外围附属设备基础等。

（3）土建工程具体安排见工程施工总进度计划表和土建工程专业方案。

4.3.2.2 主厂房钢结构安装工程安排

钢结构是炼钢连铸工程的关键线路和主矛盾线，钢结构安装工程的安排是本施工组织安排的重点和关键，根据钢结构安装以"双向推进、突出高跨、分区分段、平行流水"为程序的总方案，总体上主体厂房钢结构安装的安排将分为以下几个阶段：

（1）转炉跨、加料跨 6-11/C-F 线结构安装作为双向推进的另一个阶段，本阶段是整个主厂房钢结构安装的最关键阶段，其一是该阶段的钢结构安装量最大，其二是与结构安装同步、交叉的 OG 系统设备、副原料料仓等，都需要在该阶段与结构同步、交叉完成；其三是要为转炉设备和各层平台上的设备安装创造条件，同时，还要为8.9米平台下的电缆通道和竖向电缆通道的打通创造条件。这一阶段的结构安装时间为4.5个月左右，钢结构安装前期采用150t履带吊，吊装完第一段（约＋9.0m），之后采用300t履带吊吊装上部结构和部分除尘、10t行车等设备。

（2）11～19 线/A-F（转炉跨、加料跨、钢水接受跨、维修跨、浇铸跨）的结构安装作为双向推进的一个阶段，安排 2 台 150t 履带吊安装，其主要目的抢钢结构安装工程量同时为加料跨和钢水接受跨200t、180t 行车安装创造条件。

（3）1-6/A-F 厂房结构安装作为第三阶段，该区域采用一台 150t、一台 100t 履带吊安装，第三阶段的结构安装时间为 4 个月。

4.3.2.3　机械设备安装工程施工安排

（1）设备安装的重点是行车、转炉、氧枪及相关的 OG 系统设备。

（2）行车安装调试是主体安装的前提条件，行车的重点是加料跨、钢水接受跨的200t 和 180t 和高跨的 10t 行车及浇注跨的 75t 行车，必须保证设备的交付期。

（3）OG 等大件设备需要与钢结构安装同步（交叉）安装，因此，必须保证设备的交付期。

（4）顶吹阀门站、氧副枪、副原料及其他设备和外围的 OG 等设备的具体安排见工程施工总进度计划表。

4.3.2.4　电气小房及其电气安装工程施工安排

（1）电气工程施工分为四个阶段：

第一阶段　配合土建埋管施工阶段；

第二阶段　供配电施工阶段；

第三阶段　电气小房、电气通道电缆桥架及电缆敷设阶段；

第四阶段　电气设备安装、调试阶段。

（2）第一阶段的重点是及时配合土建埋设电气管线，满足土建施工的要求，加快土建施工的进度。

（3）第二阶段的中心是主控楼的电气安装。

（4）第三阶段的重点是打通整个工程的电气通道，包括：

1）主厂房内至各机组的电气通道；

2）9.0m 平台下；

3）竖向至各层平台的电缆通道；

4）主厂房内的电气小房施工。

（5）第四阶段的重点是以转炉、连铸机为中心的电气、仪表安装、调试，也是整个工程电气、仪表施工的关键，尤其是连铸工程的仪表点多、量大，调试难度大，必须作为一个关键战役来组织实施，确保总进度的实现。

4.4 主要控制节点

（1）主厂房柱基及转炉基础施工完　　2009年3月20日～6月30日

（2）主厂房钢结构吊装　　　　　　　2009年4月05日～9月15日

（3）转炉主控楼等电气室土建装修　　2009年05月15日～9月30日

（4）转炉设备安装　　　　　　　　　2009年06月01日～11月30日

（5）连铸设备安装开始　　　　　　　2009年10月01日～12月15日

（6）主控楼电气调试完受电　　　　　2009年11月01日～11月10日

（7）电气设备安装及电缆敷设接线　　2009年09月10日～12月10日

（8）转炉炼钢及连铸机组调试　　　　2009年12月01日～12月30日

（9）开始热试　　　　　　　　　　　2009年12月31日

5 主要施工程序及方法

5.1 测量控制（见案例4）

5.2 土建工程

5.2.1 土建工程总体安排

（1）原则：先深后浅，先地下后地上，先主后辅，确保关键线路，方便专业施工。

（2）施工顺序：桩基→厂房柱基、转炉基础、LF炉、大包回转台基础、大型地下管沟→主控楼结构、地下料仓结构、通廊支架基础→厂房内外设备→转炉9.0m平台混凝土、连铸机操作平台混凝土→生产辅助小房→主厂房建筑及地坪

（3）分区分阶段施工：

分区即分炼钢区和连铸区。炼钢区重点考虑高层框架基础与转炉基础施工关系、厂房柱基与混铁炉基础施工关系；连铸区重点考虑厂房基础与大包回转台基础施工关系、厂房柱基与加热炉基础施工关系。

分阶段即土建施工与结构安装前后的关系、土建施工与转炉安装前后和连铸机安装前后的关系。

5.2.2 主厂房柱基施工方案

（1）土方工程

施工采用1m³反铲开挖，底部留置200～300mm土层由人工清土，土方放坡1：0.75～1：1，基坑操作面为500mm。边坡由人工修整。

（2）垫层施工

混凝土采用溜槽下料，人工用铁锹铺平，垫层施工前，测量定好垫层标高，并用钢筋头标注。用平板振动器振捣密实，表面再用木抹子搓平。

（3）钢筋施工

钢筋进场要有合格的质量保证书，并按照见证取样制度进行取样复验，合格后方可使用。

加工完的成型钢筋整齐放置，各种不同形式的钢筋分别挂标识牌，进行分类堆放，做好相应的保护措施。

下层钢筋铺设前，应每1000mm×1000mm放置垫块，以保证保护层厚度，上层钢筋应用钢筋支架固定，保证钢筋骨架尺寸。

（4）模板施工

模板采用组合钢模板，模数不足采用 55mm 要模补缺，支撑采用 Φ48 钢管，对拉螺栓采用 Φ12 圆钢。

模板施工在基础施工钢筋绑扎基本完毕后进行。模板四周应挂设垫块，保证保护层尺寸。

模板固定采用对拉螺栓固定，最上根螺栓和最下根直接与上下层钢筋网片对拉，四周设斜杆顶撑牢固，上口用钢管对拉。

（5）混凝土工程

在各项准备工作完善、到位，并在监理进行隐蔽验收后，签发混凝土浇灌令。

混凝土浇筑前应清除基底杂物和积水，并对垫层进行湿润；柱基混凝土应分层浇筑，分层厚度 300mm 左右，对于同一基础，浇筑必须连续进行。

混凝土振捣用插入式振动棒捣实，振动棒应快插慢拔，振捣时间应为表面泛浆为宜。杯口基础一般在杯底均留 50mm 细石混凝土找平层，浇灌时要仔细留出。

混凝土试块的制作和取样在监理的见证下进行，制作完成后送到标准养生室养生，试块上要用铁丝刻写说明，表明部位、强度和施工日期。

混凝土表面用抹子压实抹光，养护时间不少于 7 昼夜，常温下施工要覆盖草袋，专人浇水保持草袋湿润。

（6）土方回填

应对基础工程进行检查和验收，经质监或监理进行质量核定后，方可填土。施工完后应用符合设计要求的土料进行回填并分层夯实，其压缩模量 $E_s \geqslant 20$MPa。

5.2.3 转炉及其他设备基础施工方案

转炉基础体积大，埋深较深；结构复杂，质量要求高。

（1）测量采用"平面轴线定位法"，所用仪器：水平仪、经纬仪和测距仪。

（2）土方开挖前，根据已经建立的工程测量控制网就近测量出基础中心控制点和水平控制点，根据基础平面尺寸和基坑开挖的坡度，定出开挖的范围，并用石灰线标出。

（3）基础钢筋、模板施工测量控制采取在基坑外设置线架或龙门板，并在垫层上投控制点的办法；基础上部的螺栓套筒和直埋螺栓的投中必须专门设立固定架和线架。

（4）土方工程、模板工程、钢筋工程、混凝土工程参见前述。

（5）根据中心、标高控制线定出螺栓和埋件的具体位置，固定架必须自成体系，与模板、钢筋固定架完全分开，以确保螺栓位置准确。

（6）螺栓安装时先固定好中心，然后调整标高，经检查达到要求后，再把螺栓下部焊牢固定。同时对螺栓固定架纵横两个方向加焊剪刀撑予以加强。浇灌混凝土时，振动棒不得碰撞固定架，不得直接对着螺栓下混凝土。

（7）设备基础的施工顺序：

定位放线 → 机械挖土 → 验槽 → 垫层 → （桩头处理）→ 底板钢筋 → 底板支模 → 底板混凝土 → 底板以上钢筋 → 螺栓、预埋件安装 → 混凝土浇筑 → 养生 → 回填土。

5.2.4 主厂房屋面、墙皮彩钢瓦安装方案

（1）施工准备

超长屋面板加工选择在现场制作，制作场地用推土机平整、压实，其余彩瓦可选择现

场制作，也可选择厂内制作，采光带、配件外购。

成型压型板交接时进行验收，不符合设计要求和有损坏的，应立即剔除，严禁使用到工程上去。

屋面瓦和墙皮瓦的施工要随结构施工而穿插施工，屋面板逆主导风向安装。

（2）压型板堆放

堆放场地用推土机平整、压实，下垫枕木并用防雨布盖好。压型板现场堆放时应按种类、吊装数量排好，不同规格的压型板分开堆放。垫木规格100mm×100mm，间距小于3m。压型板堆放、加工场地用红、白警戒线与外界分隔。严禁压型板被污染和损坏。

（3）压型板吊装

屋面板吊装采用结构吊装用吊机，高跨用300t履带吊，底跨用150t履带吊。每次起吊5～10张约1～2t，超长瓦采用吊架，30m以内瓦采用吊杆，5m以内短瓦可直接用尼龙绳两点起吊。屋面板吊至屋面后，由人工搬运至安装部位。

墙皮瓦运至安装地点，由人工通过尼龙绳由滑轮垂直吊至安装处。

（4）固定支架的定位与焊接

屋盖系统中间验收合格，报监理认可后，进行测量放线，焊固定支架。

安装前以每个柱距设一控制网，首先应根据屋面钢结构的相对位置（或山墙面）确定压型板安装基准线。然后以此基准线为基础，根据屋面板配板图两端尺寸，确定第一块板安装位置线，并在紧靠檐口檩条上划上记号，以此记号为起点按600mm间距将檩条通长等分，每隔12m拉一根直线检查是否与基准线平行，若有偏差应及时消除。

以紧靠檐口檩条上@600的记号拉一直线在中间檩条上划出相应记号。

在每根檩条中心线下侧17.5mm处划出与压型板安装基准线垂直的支架焊接基准线。首先以两条基准线为准安装边支架，以边支架为准，在焊接基准线上侧每600mm分度线间放一个中间固定支架，并在支架四周点焊。

检查每根檩条上的支架是否在一直线上，如有偏差应及时调整，全部检查并调整完毕，将每个支架满焊在檩条上。

支架满焊后，应将焊缝上的焊渣清除，并将焊缝处的支架和檩条油漆补刷好。

（5）压型板的铺设

固定支架焊完，固定支架隐蔽验收后铺设屋面板。

将第一块板中间波峰卡住固定支架的A支座，然后根据板的宽度调整固定支架上B支座的位置，将B支座扣于压型板边缘上，并固定B支座，先将中波用力压下，然后用自攻螺栓与边支座固定。

将第二块板的中波卡住固定支架上的A支座板的母立边卡住公立边及B支座，然后用手动咬边机将两板公母立边与支架的B支座咬紧，再调整第二块板的B支座，将B支座扣于压型板边缘上并固定B支座。

重复1、2安装第三块……

所有板铺完后，检查安装平整度并用电动咬合机将所有板全程咬紧。

檐口处板端必须对齐成一直线。

（6）墙板安装

单层压型板安装时挂吊梯，吊梯间铺木跳板，操作人员站在木跳板上作业，安全带系在结构檩条上。

检查墙面钢结构符合压型板安装条件方可进行压型板安装施工。墙面檩条的不平度≤1/1000，支座处错位≤2.0mm。

以某线山墙阳角为基准线，采用经纬仪或吊线锤的方法定出第一块压型板起始边的基准线及压型墙面板下端的控制准线，并每隔6m间距放一条网线。

吊装墙面板时，首先应把瓦内外擦干净，然后在厂房屋檐适当部位安装一个定滑轮，将墙面板上部夹在白棕绳套管上，下端放在吊钩上，采用小型卷扬机或人工起吊至所需高度，然后由人工做横向移动至所需部位。

安装第一块压型板：将第一块压型板的公扣边定于起始线，并使整块板调整定位，然后将板的公扣边及母扣边均用自攻螺丝固定于檩条上。

安装第二块压型板：将第二块压型板的公扣边插进第一块母扣边的凹缝中，调整对齐第一块板的下端，并使第二块板与第一块板间立缝紧密，两板之间的间隙不得超过5mm，并将两块板的板肋相互用拉铆钉连接，拉铆钉设在相邻檩条中间；然后将母扣边用自攻螺丝与檩条固定。

按照4、5条的顺序依次安装第三块板及后续压型板，每安装20块板与墙面下端安装基准线及控制网线进行校核。

（7）泛水板、屋脊板堵头、包角等安装

屋脊板、泛水板安装逆水流或逆主导风向铺设，搭接处两板间垫双面自粘胶带，并用双排防水拉铆钉交错拉接，排距、钉距不大于50mm。屋面压型板的所有堵头连接处，均用防水油膏密封，被涂油膏板面要求平整清洁。

墙板顶部、下部和门窗包边处等部位必须放泡沫塑料堵头。

泛水板施工必须与墙面板安装同步，包角施工由下向上，搭接处两板间垫双面自粘胶带。

5.3 厂房结构工程

5.3.1 本工程施工指导思想

指导思想是："三个同步、三个确保"。

三个同步：结构安装与设备安装同步

　　　　　主厂房与主控室同步

　　　　　主体设备与外围除尘设备同步

三个确保：确保炼钢设备工程安装条件

　　　　　确保连铸设备工程安装条件

　　　　　确保副原料铁合金上料系统安装条件

5.3.2 突出重点，分区完成

根据生产工艺和建筑物特点，将钢结构工程以高跨为中心，将钢结构吊装分三个区，即6-11/C-F高跨区，11-19/A-F高跨后区，1-6/A-F、6-11/A-C高跨即连铸前区。各区之间组织平行流水作业，突出重点，分区交设备、机电、能源介质等专业上场作业。

5.3.3 施工程序

5.3.3.1 施工总平面区域划分

根据生产工艺布置，将工程划分成炼钢区与连铸区二个区域施工。

区域划分平面布置图见总平面图。

5.3.3.2　主厂房区施工平面流程安排

施工平面流程和吊机布置见吊机行走路线示意图。

5.3.3.3　OG区域施工程序安排

OG区域施工时，先下后上，先平台后设备，逐层安装。

斜烟道以上部分安装时，先安装钢框架及主要受力部分的框架梁，其余梁等烟罩设备等安装完成后再安装。

5.3.3.4　施工程序说明

（1）余热锅炉烟气处理设备和汽包等设备吊装，用300t吊机吊装作业。

（2）施工顺序：下部框架柱梁及支撑→各层平台→穿插设备就位→上部框架柱梁及支撑→平台→设备→屋面结构。

5.3.4　测量方案

现场工程测量包括两部分：土建工序交接的基础点的复测和钢柱安装后的垂直度控制，另外根据设计要求进行沉降观测。

5.3.5　钢柱吊装

5.3.5.1　钢柱的吊装方法

本工程采用双机抬吊旋转直立，单机转杆落位的方法，其辅助吊机采用50t吊机。钢柱中心和标高控制以承受吊梁的牛腿肩梁处的中心点和标高面为重点控制点，以确保吊车梁安装精度。

300t和150t履带吊承担转炉高跨钢结构吊装，配置一台50t履带吊作为辅助起吊用吊机；3台150t履带吊负责其他厂房钢结构吊装，50t履带吊作为辅助起吊用吊机。

5.3.5.2　钢柱的校正

钢柱就位后进行初校。架设经纬仪校正中心、标高、垂直度，确认在误差范围内，记录数据，固定牢固。

钢柱的校正包括位移、垂直度和标高的校正。标高的找正：根据钢柱吊车梁肩梁到柱底板的实际长度，在垫板配设时进行；位移的校正：在钢柱吊装就位时进行。垂直度的校正，在钢柱临时固定后进行。垂直度的校正直接影响吊车梁、屋架等安装的准确性，钢柱垂直度校正的方法有敲打锲块法、千斤顶校正法、钢管撑杆斜顶法及缆风绳校正法等，可在安装时根据现场实际情况而定。

钢柱初步校正后，立即安装柱间支撑，再从柱间支撑跨间开始吊装吊车梁，作临时固定后安装辅助桁架和制动板，用安装螺栓固定，然后安装上部柱。

5.3.6　吊车梁系统安装

5.3.6.1　吊车梁的安装

（1）吊车梁吊装

吊车梁吊装前，应对梁的编号、几何尺寸及牛腿标高对照设计图进行检查，安装后及时安装临时栏杆。吊车梁吊装时利用4点吊装，各吊点设吊装专用设施。

吊车梁吊装后只作初步校正和临时固定，待屋盖系统安装完毕后方可进行吊车梁的最后校正和固定。

（2）吊车梁的找正

校正前，在厂房柱上精确放出吊车梁的安装标高和中心距厂房轴线距离，供校正时参考；同时，吊车梁进行分中（吊车梁的腹板中心）。

校正时，一跨内的两列同时进行。

标高找正：在钢柱安装时已根据肩梁到钢柱底板的实际尺寸配设，找正时测出同一跨内每根吊车梁支座处的标高，然后根据最高点与最低点的高差，通过调整支座处的垫板高度来找正高差。找正后同一根吊车梁的高差、两根吊车梁相邻处的高差、同一列吊车梁的整体高差、两列吊车梁的相对高差、吊车梁的安装间隙均必须在施工允许的偏差范围内，标高调整垫板与肩梁点焊牢固。校正中特别注意吊车梁有无下挠。

中心偏差校正：根据钢柱上投放的吊车梁中心线到定位轴线的距离，用千斤顶顶移的方法逐根校正。校正后每根吊车梁相对安装中心线的位移、挠曲度及相邻两根吊车梁的中心错位、两列吊车梁的跨距偏差必须在规范允许的偏差范围内。

垂直度校正：可用吊线锤检查吊车梁的垂直度，如发现偏差，可在两端的支座面上加斜垫板，用受拉葫芦或千斤顶调整，直到垂直度偏差在规范允许范围内，并保证吊车梁与钢柱肩梁（或垫板）结合紧密，校正后立即进行最终固定。

5.3.6.2　辅助梁或辅助桁架的安装和校正

与吊车梁方法相同。

5.3.6.3　制动板安装

制动板分块出厂，采用一钩多吊的方法吊装。

制动板与吊车梁高强螺栓连接、与辅助桁架（梁）采用焊接的连接形式时，为避免制动板焊接后对吊车梁和辅助桁架（梁）产生影响，应采取先普通螺栓紧固，再焊接，最后施工高强螺栓的程序施工，焊接采取分段反向的方法施焊，分段长度约为 300～400mm，定位焊长度 30～50mm，间距为 100～150mm，并采用交错焊接固定。

5.3.7　屋盖系统安装

5.3.7.1　钢托架安装

钢柱校正固定后安装托架梁，吊机行走路线与钢柱吊装相同。托架吊装就位后，及时进行垂直度找正和高强螺栓施工，以确保屋架的及时安装和安装质量。

5.3.7.2　屋面梁安装

屋面梁进入现场后检查几何尺寸，并按规定要求摆放，以防止发生永久性变形。

屋面梁安装时应测量中心位移、跨距、垂直度、起拱度和侧向挠度值，特别注意第一榀屋面梁和第一节间屋面构件的安装质量，以确保后续屋盖安装正常；且注意避免多榀屋面梁垂直度向一个方面倾斜的情况。屋面梁吊装采用 4 点吊装。

屋面梁与钢柱采用腹板高强螺栓、上下翼缘焊接的连接形式，与托架为高强螺栓连接。施工时，先普通螺栓紧固，再高强螺栓，最后焊接。

5.3.7.3　屋面天窗、支撑、气楼和檩条安装

屋面系统的安装采用综合安装法安装，即两榀屋面梁之间的所有构件全部安装完毕后，再吊装下一榀屋面梁。屋盖系统吊装前应再次检查柱垂直度，及时纠正积累误差。

天窗的吊装采用地面组装的组合吊装法安装，根据主吊机的机械性能，尽可能将天窗檩条与天窗组合后吊装，以尽量减少高空作业量。天窗吊装前必须是空间稳定结构，并视天窗架的刚度进行加固。

檩条在条件允许情况下应优先考虑组合吊装，减少高空作业，加快施工进度。

5.3.7.4 屋架下悬挂的检修单轨和平台安装

尽可能随屋面结构同时吊装，特殊情况可封完屋面后用卷扬机单独安装。

5.3.8 墙架系统安装

墙架系统的安装宜在屋盖系统安装结束后进行，也可随屋盖系统一起采用综合安装法，一个节间一个节间的进行。

墙架檩条的支托应在钢柱出厂前安装完毕。薄壁冷弯C型钢檩条在安装时应注意防止构件过大变形。

墙架柱、抗风桁架用50t履带吊吊装，檩条可采用手动麻绳滑轮组安装。

5.3.9 高层框架平台结构安装

为确保300t履带吊吊装行走路线，平台柱基础在厂房屋面完成后进行闭口施工，平台钢柱和梁也分区段进行安装。

炉子跨高层框架结构，有7层主框架平台，另外设置局部操作和检修平台，平台梁由下至上分层安装，并与大型设备同步进行，即每一层平台梁安装固定完成后，位于该层平台的大型设备件、钢漏斗群及大型除尘管道等均应及时安装或临时吊放在该层平台上，然后再安装上一层平台，其中9.6m的混凝土平台先不浇注，先做支护，等上部设备安装完毕后，再进行浇注。作为临时安装防护措施，每层平台在正式栏杆安装前，设置临时活动栏杆，确保安全施工。框架平台现场连接主要是高强螺栓和焊接连接，施工人员应根据设计图和现场条件，利用大吊机的起吊能力，尽量采用扩大组合吊装方式进行组合吊装。

5.4 设备安装工程

5.4.1 机械设备安装工艺流程（见图2-1）

5.4.2 转炉设备安装（略）

5.4.3 连铸设备安装

5.4.3.1 施工总体打算和要求

在土建基础施工完成后，并在钢结构施工过程中穿插安装。行车安装并达到使用条件，即开始设备安装：钢包回转台设备、扇形段、结晶器、前后辊道、对中台、试验台、清洗台及组装台的结构平台安装、主体设备等；设备调试确认完成，进入热负荷调试，同时开始办理工程竣工验收手续。

5.4.3.2 设备安装要领

钢水接受跨、浇注跨、出坯跨的桥式吊车应具备能够安装（吊装）设备和操作平台结构的条件。

设备基础如：设备维修区内结晶器、垂直弯曲段和快速更换台的对中、组装和试验用基础以及扇形段的对中基础必须尽早完成，以便其对中、组装和试验用台架及相应的设备（包括液压、润滑、冷却水等）的安装。

钢包回转台设备位于浇注跨和钢水接受跨之间，且单件设备都较重，利用钢水接收跨和浇注跨内行车，配以现场制作的特殊吊具，双车抬吊完成钢包回转台底座、框架和升降臂等设备的吊装。

5.5 电气及仪表安装工程

（以下略）

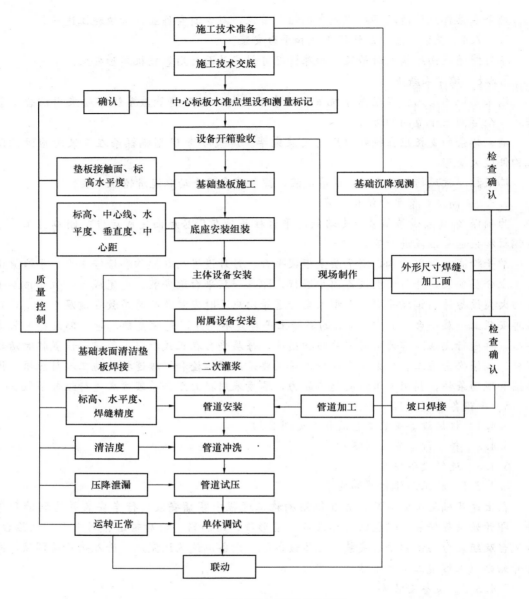

图 2-1 机械设备安装工艺流程

2.2 施 工 准 备

人们常说"七分准备,三分施工",这句话说明充分的施工准备对于保证施工安全和施工质量、促使施工顺利进行至关重要。

2.2.1 施工准备概要

（1）技术准备

施工技术准备是指在正式开展施工作业活动前进行的技术准备工作,是施工准备工作的核心。技术准备有相当多的内容，一般包括：

1）学习、审查施工图纸、设备技术资料及其他设计文件

这些文件均是进行施工的依据，一切施工活动都是以实现设计图纸为目的。在进行技术准备时，应从了解设计交底情况开始，学习、熟悉施工图纸、设备技术资料及其他设计文件的内容，研究上述资料能否满足施工准备和开工的要求；同时结合调查搜集的原始资料、国家和行业的标准、规程规范对设计图纸进行自审、会审，并作好记录。

2）进行技术经济调查

这是除掌握的书面资料以外的实地考察及调查，以掌握当时当地的第一手资料。考察及调查的内容包括：对建设地区的自然和社会条件调查，如当地的气象、水文、地质、地貌、交通情况，当地的市政、生活、医疗、治安、消防、质量检验及检定机构的情况等，使施工单位可以因地制宜制定各种季节性或地域性的技术措施；对技术经济条件的调查，如该地区及附近的建筑业企业情况，提供建筑材料、制品、加工件和商品混凝土的生产能力和条件，地方材料的可供采购情况，包括生产、运输、质量、价格等，以及吊装、运输机械租赁及修理能力，当地劳动力及技术水平情况等。这些条件对于保证施工资源供应、降低工程成本相当重要。

3）室内技术准备及技术培训

在研究施工图纸的同时，必须了解设计是否符合国家有关技术经济政策及有关规定，是否有特殊技术要求或特殊工艺，设计中采用了哪些新技术、新工艺、新材料、新设备，对技术标准、人员素质、施工及调整试运行的安装、检测、试验工机具有何特殊要求；还要研究整个工程项目的构成，进行工程项目检查验收的项目划分和编号；细化施工技术方案和施工人员、机具的配置方案；编制施工作业指导书，绘制各种施工详图（如测量放线图、大样图及配筋、配板、配线图表等）；进行必要的技术交底和技术培训。

4）编制施工组织设计（详见上节）

（2）资源准备

资源准备是指为了及时地提供工程项目所需的作业队伍和管理人员、物资、资金等资源，保证工程施工顺利进行所作的准备工作。资源准备工作应该是一个动态管理的过程，对各种资源要按照施工组织设计的要求进行优化配置和组合。

1）人力资源准备

主要是指作业队伍和其他管理人员的配备。项目经理（工程项目负责人）是企业法定代表人在工程项目上的委托代理人，项目部由项目经理组建和领导，接受企业务部门的指导、监督、检查、考核。项目部依据工程要求，制定劳动力需求计划，建立精干的施工队伍，集结施工力量，组织劳动力进场。同时，项目经理要建立健全项目部的各项管理制度，关心员工，加强沟通，营造和谐的工作氛围，激发员工的工作积极性。

2）物资准备

依据施工组织设计的物资需求计划，在工程开工之前，完成开工项目的物资准备。物资准备的内容包括：

①工程项目所需的施工机械、周转材料准备；

②生产、生活用的施工临时设施的准备；

③工程所需的各种材料、构配件、加工件、制品的加工准备；

④生产工艺设备的供应准备；

⑤施工用各种小型工具、机具、仪器仪表、安全设施等的准备。

3）资金准备

积极筹措资金，使资金运动良性循环，保证工程建设需求。

（3）施工现场准备

施工现场准备工作是项目施工准备工作的重要组成部分，它贯穿于工程施工的全过程。施工现场准备工作必须按计划、有步骤地进行。具体包括以下内容：

1）设置施工现场的测量控制网。按照设计单位提供的建筑总平面图和给定的永久性水平坐标控制基点及高程控制基点，进行现场施工控制测量，建立平面控制网和高程控制网；

2）搞好"三通一平"，即路通、水通、电通、平整场地。按照施工总平面图的要求，在正式开工前，按照施工程序完成；

3）建造临时设施，按照总平面图的布置，为正式开工准备好生产、办公、生活、居住和储存等临时用房；

4）设置消防、保安设施；

5）组织施工机具进场、材料等物资的进场，按施工平面布置存储与堆放；

6）及时提出建筑材料的试验申请计划及其他有关事项。

2.2.2 施工准备案例

【案例4】

（1）背景

工程概况见 2.1.2 节案例 3。

（2）问题

①在施工现场准备工作中，如何设置测量控制网？

②如何安排该工程劳动力计划和施工机械配置计划？

（3）分析

1）根据转炉炼钢和连铸工程工艺总平面布置和生产工艺流程要求，工程测量控制网布置成整体网，分级布设。

首先布置首级网，再以其作为测量起算依据，布置成施工用二级测量控制网（矩形方格网）。

首级控制点的间距不超过 200m，一、二级控制点尽量设置在拟建道路旁边，保证通视并尽可能永久使用。标桩结构参照《工程测量规范》（GB 50026—2007）附录。

在柱基础施工完成后，适时将建立的测量外控制向厂房内传递转移成方向控制，同时注意与轧机线上的方向控制保证联测，定期检测内外控制之间的符合精度，在结构安装、设备安装阶段，尽量以内控制为基准。

测量控制网建成后，必须对测量控制网进行定期和不定期的复核，其中不定期复核按施工进度关键节点来确定，如桩基施工、大面积基坑开挖、大体积混凝土浇筑、结构吊装、设备安装前后等。

二级测量控制网见附图（略）。

2）劳动力计划与施工机械配置计划如下：

劳动力计划：

①进入本工程的协作队伍、各级管理人员和作业人员必须通过选择录用，逐月考核，优胜劣汰。

②人数按高峰时考虑，其中：

管理和技术人员	70人
土建施工人员	400人
钢结构加工人员	600
钢结构安装人员	300人
设备安装人员	150人
电仪安装人员	200人
管道安装人员	180人
试车人员	100人

合计：2050人

施工机械设备配置计划：

土建主要施工机具配置表

序号	名称	生产能力或型号	单位	数量	进场计划
1	反铲	1m³	台	5	第1个月
2	混凝土搅拌站	1m³	座	1	第1个月
3	地泵		台	2	第1个月
4	钢筋弯曲机		台	4	第1个月
5	钢筋切断机		台	1	第1个月
6	钢筋对焊机		台	2	第1个月
7	钢筋调直机		台	1	第1个月
8	交、直流电焊机		台	15	第1个月
9	蛙式打夯机		台	5	第1个月
10	全站仪	TCA1800	台	1	第1个月
11	水准仪	NA₂	台	2	第1个月
12	经纬仪	T₂	台	1	第1个月
13	空压机	2.5 m³	台	4	第1个月
14	装载机	3 m³	台	1	第1个月
15	吊车	25t	台	2	第1个月
16	木工联合机床	MQ112B	台	1	第1个月
17	插入式振动器	ZN50	台	10	第1个月

钢结构安装主要施工机具配置表

序号	名　　称	生产能力或型号	数　量	使用部位
1	300t 履带式起重机	CC-2000 型	1 台	高层框架
2	150t 履带式起重机	7150 型	3 台	单层厂房
3	100t 履带式起重机	1495-3A	1 台	炉渣跨
4	50t 履带式起重机	KH180-2	3 台	辅助吊机
5	50t 汽车吊	NK500	1 台	辅助吊机
6	卷扬机	5t	3 台	
7	卷扬机	3t	3 台	
8	卷扬机	10t	2 台	
9	交直流焊机		30 台	
10	逆变焊机		5 台	
11	千斤顶	32t	4 台	
12	电动扳手		5 台	
13	倒链	各种	若干	
14	烘箱		2 台	
15	砂轮机		10 台	
16	焊条保温筒		30 台	
17	拖车		5 台	
18	气刨		2 台	
19	UT 探伤机		2 台	

电气、仪表安装主要机具配置表

序号	名　　称	生产能力或型号	数量（台）	备　　注
1	汽车吊	45t	1	变压器、盘箱、柜吊运
2	交直流电焊机		8	
3	套丝机	$\phi100$	2	
4	弯管机	$\phi80$	2	
5	手动液压小车	2t	2	
6	卷扬机		6	
7	真空注油机	4000L/h	1	
8	切割机	$\phi400$	4	
9	交直流耐压设备	10kVA　100kV	各 1 台	
10	绝缘油试验器	70kV	1	
11	高压开关测试仪		1	
12	交流电流发生器	AC5V　2000A	1	
13	交流电流发生器	AC5V　1000A	1	
14	示波器		2	
15	电桥		2	
16	电压表		8	

【案例 5】

（1）背景

某建设公司承建热轧薄板厂技术改造项目，在主轧线中增加一台粗轧机。轧机基础采用人工挖孔灌注桩，设计桩径 1.2m，桩长 16m。

（2）问题

该工程项目部应如何编制人工挖孔灌注桩施工作业指导书？

（3）分析

依据本工程项目施工组织设计，针对在原有厂房生产线下施工的特点，编制人工挖孔灌注桩施工作业指导书如下：

1. 工艺流程：

清理场地→测量放线→桩孔开挖→护壁施工→桩孔检查→安装钢筋骨架→灌注混凝土

2. 操作工艺：

2.1 清理场地

本工程在原有厂房内施工，首先要清除施工场地上的所有障碍物，整平夯实，桩位处地面应高出周围地面 20cm 左右，并开通或铺设出土通道。

2.2 测量放线

由测量队按施工图进行测量放线，经检查无误后，埋设十字护桩，十字护桩必须用砂浆或混凝土进行加固保护，以备开挖过程中对桩位进行检验。

2.3 桩孔开挖

从上到下逐层用镐、锹进行开挖，遇坚硬土或大块孤石采用锤、钎破碎，挖土顺序为先挖中间后挖周边，按设计桩径加 20cm 控制截面大小。孔内挖出的土装入吊桶，采用自制提升设备将渣土垂直运输到地面，堆积到指定地点，防止污染环境。注意挖孔过程中，不必将孔壁修成光面，要使孔壁稍有凹凸不平，以增加桩的摩擦力。

2.4 护壁施工

护壁采用现浇模注混凝土护壁，混凝土标号与桩身设计标号相同。第一节混凝土护壁（原地面以下 1m）径向厚度为 20cm，宜高出地面 20～30cm，使其成为井口围圈，以阻挡井上土石及其他物体滚入井下伤人，并且便于挡水和定位。

往下每挖掘 0.8～1.0m 深时，即支模灌注混凝土护壁。平均厚度 15cm。两节护壁之间可留一定的空隙，以便混凝土的灌注施工。

混凝土应采用滚筒搅拌机拌制，坍落度宜为 14cm 左右。

模板不需光滑平整，以利于与桩体混凝土的连线。为了进一步提高柱身混凝土与护壁的粘结，也为了混凝土入模方便，模板要做成喇叭错台状。

混凝土护壁施工，采取自制的钢模板。钢模板面板的厚度不得小于 3mm，浇注混凝土时拆上节，支下节，自上而下周转使用。模板间用 U 形卡连接，上下设两道 6～8 号槽钢圈顶紧；钢圈由两半圆圈组成，用螺栓连接，不另设支撑，以便浇注混凝土和下节挖土操作。

2.5 桩孔检查

序号	项目	允许偏差	检验方法
1	桩孔深度	50mm	
2	孔位中心位置	50mm	测量检查
3	桩孔倾斜度	0.5%	

2.6 钢筋骨架的制作与安装

2.6.1 本工程桩长16m，钢筋骨架做成整体钢筋笼。制作时，按设计尺寸做好加强箍筋，标出主筋的位置。把主筋摆放在平整的工作平台上，并标出加强筋的位置。焊接时，使加强筋上任一主筋的标记对准主筋中部的加强筋标记，扶正加强筋，并用木制直角板校正加强筋与主筋的垂直度，然后点焊。在一根主筋上焊好全部加强筋后，用机具或人转动骨架，将其余主筋逐根照上法焊好，然后吊起骨架阁于支架上，套入盘筋，按设计位置布置好螺旋筋并绑扎于主筋上，点焊牢固。

钢筋笼主筋接头采用双面搭接焊，每一截面上接头数量不超过50%，加强箍筋与主筋连接全部焊接。钢筋笼的材料、加工、接头和安装，符合要求。钢筋骨架的保护层厚度可用焊接钢筋"耳朵"或转动混凝土垫块。设置密度按竖向每隔2m设一道，每一道沿圆周布置8个。

2.6.2 骨架的起吊和就位

骨架的运输无论采取何种方法，都不得使骨架变形。

钢筋骨架安装采用汽车吊，为了保证骨架起吊时不变形，起吊前应在加强骨架内焊接三角支撑，以加强其刚度。采用两点吊装时，第一吊点设在骨架的下部，第二点设在骨架长度的中点到上三分点之间。起吊时，先提第一点，使骨架稍提起，再与第二吊同时起吊。待骨架离开地面后，第一吊点停吊，继续提升第二吊点。随着第二吊点不断上升，慢慢放松第一吊点，直到骨架同地面垂直，停止起吊。解除第一吊点，检查骨架是否顺直，如有弯曲应整直。当骨架进入孔口后，应将其扶正徐徐下降，严禁摆动碰撞孔壁。当骨架下降到第二吊点附近的加强箍接近孔口，可用木棍或型钢（视骨架轻重而定）等穿过加强箍筋的下方，将骨架临时支承于孔口，孔口临时支撑应满足强度要求。再将吊钩移到骨架上端，取出临时支承，将骨架徐徐下降，骨架降至设计标高为止。然后将骨架在孔口牢固定位，以免在灌注混凝土过程中发生浮笼现象。

骨架最上端定位，必须由测定的孔口标高来计算定位筋的长度，并反复核对无误后再焊接定位。在钢筋笼上拉上十字线，找出钢筋笼中心，根据护桩找出桩位中心，钢筋笼定位时使钢筋笼中心与桩位中心重合。

2.6.3 质量要求

钢筋骨架制作和吊装的允许偏差

序号	项目	允许偏差（mm）
1	钢筋骨架在承台底以下长度	±100
2	钢筋骨架直径	±10
3	主钢筋间距	±10
4	加强筋间距	±20

序号	项　　　目	允许偏差（mm）
5	箍筋间距或螺旋筋间距	±20
6	钢筋骨架垂直度	骨架长度1‰
7	骨架中心平面位置	±20
8	骨架顶端高程	±20
9	骨架底面高程	±50
10	骨架保护层厚度	±20

2.7　灌注混凝土

2.7.1　在灌注混凝土前应对孔径、孔深、孔型进行自检，然后报监理工程师检验合格后方可灌注混凝土。

2.7.2　混凝土采用泵送灌注，插入式振捣器振捣。混凝土的浇筑入模温度不低于+5℃，也不高于+30℃，否则采用经监理工程师批准的相应措施。

2.7.3　灌注支架采用移动式的，事先拼装好，用时移至孔口，以悬挂串筒、漏斗。从高处直接倾卸时，其自由倾落高度一般不宜超过2m，以不发生离析为度。当倾落高度超过2m时，应通过串筒、溜管或震动溜管等设施下落；倾落高度超过10m时，并应设置减速装置。

2.7.4　混凝土应分层浇筑，分层厚度控制在30～45cm。振捣采用插入式振动器，振动器的振动深度一般不超过棒长度2/3～3/4倍，振动时要快插慢拔，不断上下移动振动棒，以便捣实均匀，减少混凝土表面气泡；振动棒要插入下层混凝土中5～10cm，移动间距不超过40cm，与侧模保持5～10cm距离；对每一个振动部位，振动到该部位混凝土密实不再冒出气泡为止。

3.　人工挖孔安全措施

3.1　防坍塌安全技术措施

搞好孔口防护，防止地表水进入孔内。

在开挖过程前根据不同地质情况做好护壁方案设计，在开挖过程中必须认真复核地质情况，根据不同地质条件严格做好孔壁防护工作。

严格按规定做混凝土防护孔壁，护壁混凝土达到设计强度后方可拆模。

3.2　孔内通风措施

人工挖孔过程中应做好孔内通风，当孔深大于5m时，应采用通风管往孔内送风措施。操作工人工作2h左右，应到孔外休息。

遇特殊地质的地段，在挖孔过程中，应做好有害气体的检测。

3.3　孔内防落物措施

对于提升架钢丝绳，应有不小于10倍的安全储备，并定期检查其磨损情况。

吊斗装渣不能太满，防止碎渣散落。

下孔操作人员必须戴好安全帽，对于特殊孔位、还应系好救生绳。

3.4　应急措施

根据不同地质条件，施工单位应做好安全应急预案；险情发生时，有相应的处理措施；事故发生后，按既定方案救援。

2.3 施 工 进 度 控 制

2.3.1　施工进度控制概要

（1）施工进度控制的基本环节

工程项目负责人施工进度控制的任务，就是按照施工承包合同对施工进度的要求，组织工程施工，采取各种必要的措施，控制施工进度，按期完成施工任务。施工进度控制的基本环节是：

1）确定目标——包括总工期目标和分阶段的进度目标，以及关键控制节点等；

2）编制计划——根据目标要求和实际条件编制施工进度计划；

3）实施计划——落实施工条件，动员施工力量，按计划组织施工；

4）检查进度——对计划执行情况进行跟踪检查，将实际进度与计划进度进行比较；

5）纠正偏差——针对计划执行中的偏差，分析发生偏差的原因，采取措施加以纠正；

6）调整目标——必要时根据实际情况，按照一定的程序，调整计划目标。

以上各个环节反复循环进行，直至施工任务完成。

（2）确定施工进度目标的依据

为了提高进度计划的合理性，在确定施工进度控制目标时，必须全面掌握和分析影响施工进度的各种有利因素和不利因素。确定施工进度目标的依据主要有：

1）工程承包合同和工程建设总进度目标对本项目施工工期的要求；

2）工期定额、同类工程项目的实际工期；

3）工程特点和难易程度；

4）施工单位的施工力量、管理水平和物资供应能力；

5）外部条件的协作配合情况，等等。

（3）施工进度目标分解

保证工程项目按合同工期建成交付使用，是施工进度控制的最终目标。为了有效地控制施工进度，应对施工进度总目标从不同角度进行层层分解，形成施工进度控制目标体系，以此作为实施进度控制的依据。

1）按项目组成分解，确定各单项工程开工及动用日期

各单项工程的进度目标在工程项目建设总进度计划及工程建设年度计划中都有体现，在施工阶段应进一步明确各单项工程的开工和交工动用日期，以确保施工总进度目标的实现。

2）按承包单位分解，明确分工条件和承包责任

在一个单项工程中有多个承包单位参加施工时，应按承包单位将单项工程的进度目标分解，确定出各单位的进度目标，列入分包合同，以便落实分包责任，并根据各专业工程交叉施工方案和前后衔接条件，明确不同承包单位工作面交接和条件和时间。

3）按施工阶段分解，确定进度控制的标志节点

根据项目的构成，将施工分成几个阶段，每个阶段的起止时间都要有明确的标志（又称为"里程碑"），特别是不同单位承包的不同施工段之间，更要明确划定时间分界点，以

此作为形象进度控制的标志节点，使进度目标具体化。

4）按计划期分解，形成阶段性综合计划

将工程项目的施工进度控制目标按年度、季度、月（或周）进行分解，并用实物工程量、货币工作量及形象进度表示，形成阶段性综合计划，从多方面对进度进行综合控制。

5）按施工专业（或工序）分解，明确各专业（或工序）施工的进度目标

合理安排各专业（或工序）的施工顺序和相互之间的衔接或搭接、交叉或平行作业的关系，明确工序交接点，如设备安装对土建的工期要求和土建工程为设备安装工程提供施工条件的内容和时间等。

（4）施工进度的检查与调整

在施工进度计划的实施过程中，由于各种因素的影响，常常会打乱原始计划的安排而出现偏差。因此，必须定期地、经常地对施工进度计划的执行情况进行跟踪检查，分析进度偏差的原因，以便为施工进度计划的调整提供必要的信息。

施工进度检查的主要方法是对比法。即将经过整理的实际进度数据与计划进度数据进行比较，从中发现是否出现进度偏差以及进度偏差的大小。

当采用时标网络计划时，可采用实际进度前锋线记录计划实际执行状况，进行实际进度与计划进度的比较。

实际进度前锋线是在计划执行中的某一时刻，正在进行的各工序的实际进度前锋点的连线；在原时标网络计划图上，从计划检查时刻的时标点出发，自上而下用点画线（或彩色线）依次连接各条线路实际进度达到的前锋点，通常成一条的折线。以计划检查时刻的日期线作为基准线，前锋在基准线前面的线路都比原计划超前，前锋在基准线后面的线路都比原计划落后。画出了前锋线，整个工程在该时刻的实际进度便一目了然，很容易判断实际进度与计划进度的偏差。

例如，图 2-2 是一份时标网络计划用前锋线进行检查记录的实例。该图有 4 条前锋

日期	24	25	26	27	28	29	30	1	2	3	4	5	6	7	8	9	10	11	12	13
工作日(d)	46	47	48	49	50	51	52	53	54	55	56	57	58	59	60	61	62	63	64	65

（时标网络计划图，含 I～VI 六条工序线路及节点 8、9、10、12、14、15、16、18、20、21、23、24、25、26、28、29、30、31、33、34、35、36、38、39，工作代号 D_1、D_2、E、F、G、H、K、L、N、P、Q_1、Q_2、Q_3、R_1、R_2、S_1、S_2、T_1、T_2、U、V、Y_1、Y_2，时差标注 $TF=4$、$TF=3$、$TF=2$、$TF=1$、$TF=3$）

工作日(d)	46	47	48	49	50	51	52	53	54	55	56	57	58	59	60	61	62	63	64	65
日期	24	25	26	27	28	29	30	1	2	3	4	5	6	7	8	9	10	11	12	13

图 2-2　实际进度前锋线实例

线，分别记录了第 47、52、57、62 天的四次检查结果。

通过检查分析，如果进度偏差比较小，应在分析其产生原因的基础上采取有效措施，解决矛盾，排除障碍，继续执行原进度计划。如果经过努力，确实不能按原计划实现时，再考虑对原计划进行必要的调整。即适当调整计划工期，或调整施工力量、改变施工组织和施工顺序等。计划的调整一般是不可避免的，但应当慎重，尽量减少大的调整。

2.3.2 施工进度控制案例

【案例 6】

（1）背景

某水泥厂地下管道工程，分成三个流水段组织流水施工，带时间坐标的双代号网络进度计划图如下（图 2-3）：

（2）问题

请根据上述网络进度计划图回答：

①指出关键线路和总工期；

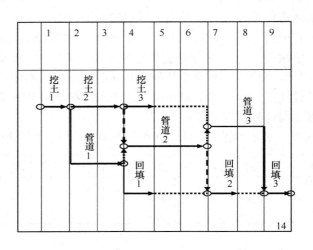

图 2-3　地下管道三段流水施工网络进度计划图

②工序"回填 1"的最早开工时间（ES）、最早完成时间（EF）和自由时差（FF）、总时差（TF）；

③第 3 天下班的时候各工序完成情况见计划完成表，请在时标网络图上画出实际进度前锋线。

（3）分析

①关键线路在图 2-4 中用双线条表示，总工期 9（天）；

②工序"回填 1"的最早开工时间 $ES=3$（第 3 天以后，即第 4 天开始时）、最早完成时间 $EF=4$（第 4 天结束时），自由时差 $FF=2$（天），总时差 $TF=3$（天）；

③第 3 天下班时的实际进度前锋线如图 2-4 所示。

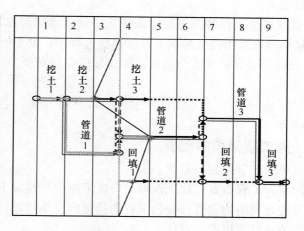

计划完成情况表

序号	任务名称	工期	完成情况
1	挖土 1	1	100%
2	挖土 2	2	50%
3	挖土 3	1	0%
4	管道 1	2	100%
5	管道 2	3	33%
6	管道 3	2	0%
7	回填 1	1	50%
8	回填 2	1	0%
9	回填 3	1	0%

图 2-4 第 3 天实际进度前锋线

【案例 7】

（1）背景

某钢厂棒材生产线改造工程，其中主轧线 5.2m 平台下液压润滑系统安装工作量为：液压站 1 个、润滑站 2 个，油气润滑站 1 个，液压及润滑管道 9200m。原定绝对工期 30 天，安装完毕并酸洗及油冲洗结束达到使用条件。由于旧基础拆除及新设备基础施工拖期 8 天，业主为完成年度生产计划，要求液压润滑系统安装工程压缩工期 10 天，轧线热负荷试车的时间节点不变，以保证按原计划时间投产。

（2）问题

1）施工单位应怎样对施工组织计划进行调整？

2）为压缩工期，施工单位应怎样对施工资源进行调整？

3）为加快施工进度和保证工程质量，施工单位可采取什么措施？

（3）分析

1）绝对工期要缩短 8 天，要对原施工组织方法进行调整，将原定的流水作业施工法改为全线平行作业、立体交叉施工法；液压及润滑管道安装工期由原计划 16 天压缩为 12 天，管道酸洗及油冲洗工期由原计划 14 天缩短为 10 天。

2）为压缩工期，改变了施工组织方法，必须相应增加施工资源投入：

① 增加施工人员：液压及润滑管道安装按粗、中、精三个机组分成三个班组同时进行施工，液压站和润滑站也各投入一个班组同时进行施工，按五个班组同时作业配备相应的管工和焊工；

② 增加施工机具：按五个班组同时作业配备相应氩弧焊机等机具，冲洗装置由原来看 1 套增加到 3 套；

③ 增加施工用料：原来的流水作业，余料利用比较充分，改为平行作业，施工损耗会有所增加，管材管件的备料要适当增加。

3）还可以采取的措施有：

① 采取加班措施，增加作业时间，每天从早上 7 点到晚上 9 点进行现场管道安装，晚上 9 点以后安排检测单位对当天安装的管道进行无损检测，对不合格的管道焊口作出标

识，次日返工。

② 优化酸洗及油冲洗工艺，在酸洗中适当增加酸度以加快酸洗过程，在油冲洗装置上加设加热器以适当提高油温，在油冲洗过程中，勤更换滤芯，以加快油冲洗进度。

③ 加强劳动保护和安全检查，保证加班作业安全。

2.4 施工质量控制

2.4.1 施工质量控制概要

（1）施工质量控制的责任

我国建设工程质量管理条例规定，施工单位对建设工程的施工质量负责；分包单位应当按照分包合同的约定对其分包工程的质量向总承包单位负责，总承包单位与分包单位对分包工程的质量承担连带责任。

（2）施工质量控制的目标

建设工程项目施工质量控制的总目标，是实现由建设工程项目决策、设计文件和施工合同所决定的预期使用功能和质量标准。

施工单位包括施工总包和分包单位，作为建设工程产品的生产者，应根据施工合同约定的任务范围和质量要求，通过全过程、全面的施工质量自控，保证最终交付满足施工合同及设计文件所规定质量标准的建设工程产品。一般说来，就是按照国家质量管理条例的要求和施工质量验收统一标准，一次验收合格率达到 100%。

（3）施工质量控制的依据

1）施工承包合同。指合同中对施工承包范围和质量、进度、安全等目标的约定，以及合同指定的工程施工图纸、技术标准和质量验收的程序、标准等要求。

2）设计交底及图纸会审记录，设计修改和技术变更。

3）国家相关法律法规和技术标准规范。

4）本施工企业的质量管理文件。

5）本项目的实际情况和特点。

（4）施工质量控制的基本环节和具体方法

施工质量控制的基本环节是前质量控制、事中质量控制、事后质量控制，其具体方法是：

1）事前质量控制

①编制施工质量计划——明确质量目标，包括总目标和分目标，落实质量责任，分析可能导致质量目标偏离的各种影响因素，针对这些影响因素制定有效的预防措施，防患于未然。

②设置质量管理点——选择那些技术要求高、施工难度大、对工程质量影响大或是发生质量问题时危害大的对象进行设置。一般选择下列部位或环节作为质量控制点：

对工程质量形成过程产生直接影响的关键部位、工序、环节及隐蔽工程；

施工过程中的薄弱环节，或者质量不稳定的工序、部位或对象；

对下道工序有较大影响的上道工序；

采用新技术、新工艺、新材料的部位或环节；

施工质量没有充分把握的、施工条件困难的或技术难度大的工序或环节；用户反馈指出的和过去有过返工的不良工序。

③编制专项技术方案——对于特殊施工过程和危险性较大的分部分项工程，除按一般过程质量控制的规定执行外，还应由专业技术人员编制专项施工方案或作业指导书，经项目技术负责人审批及监理工程师签字后执行。超过一定规模的危险性较大的分部分项工程，还要组织专家对专项方案进行论证。作业前由施工员、技术员进行技术交底并做好记录，使操作人员在明确工艺标准、质量要求的基础上进行作业，保证质量控制目标实现。

2）事中质量控制

主要是指施工过程的作业质量控制。建设工程项目施工是由一系列相互关联、相互制约的作业过程（工序）构成，因此施工质量控制，必须对全部作业过程，即各道工序的作业质量进行控制。工序的质量控制是施工阶段质量控制的重点。工序施工质量控制包括工序施工条件质量控制和工序施工效果质量控制。

工序施工条件是指从事工序活动的各生产要素质量及生产环境条件。工序施工条件控制就是控制工序活动的各种投入要素质量（包括设计质量、材料质量、设备质量、施工机械性能、施工工艺标准和操作规程的科学、可行等）和环境条件质量。

工序施工效果主要反映工序产品的质量特征和特性指标。对工序施工效果的控制就是控制工序产品的质量特征和特性指标能否达到设计质量标准以及施工质量验收标准的要求，即产品质量合格。

①施工作业质量的自控

我国建筑法和建设工程质量管理条例规定：建筑施工企业对工程的施工质量负责；建筑施工企业必须按照工程设计要求、施工技术标准和合同的约定，对建筑材料、建筑构配件和设备进行检验，不合格的不得使用。施工作业质量的自控，强调施工作业者的岗位质量责任，向后道工序提供合格的作业成果（中间产品）。供货厂商也必须按照供货合同约定的质量标准和要求，对施工材料物资的供应过程实施产品质量自控。施工承包方和供应方在施工阶段是质量自控主体，他们不能因为监控单位的存在和监控责任的实施而减轻或免除其质量责任。

施工作业质量的自控过程是由工程队或施工作业班组的施工人员进行的，其基本的控制程序包括作业技术交底、作业活动的实施和作业质量自检，并做完整的记录。

a. 施工作业技术的交底

施工作业质量自控要以预防为主，事先要根据施工作业的内容、范围和特点，制订施工作业计划，明确作业质量目标和作业技术要领。

技术交底是施工组织设计和施工方案的落实过程。从建设工程项目的施工组织设计到分部分项工程的作业计划，在实施之前都必须进行对下逐级交底，其目的是使管理者的计划和决策意图为实施人员所理解，将各项作业技术组织措施落实到人头。施工作业交底是最基层的技术和管理交底活动，施工总承包方和工程监理机构都要对施工作业交底进行监督。作业交底的内容必须具有可行性和可操作性，包括作业范围、施工依据、作业程序、技术标准和要领、质量目标以及其他与安全、进度、成本、环境等目标管理有关的要求和注意事项等。

b. 施工作业活动的实施

施工作业活动是由一系列工序所组成的，为了保证工序质量的受控，首先要对作业条件进行再确认，即按照作业计划检查作业准备状态是否落实到位，其中包括对施工程序和作业工艺顺序的检查确认，在此基础上，严格按作业计划的程序、步骤和质量要求展开工序作业活动。

c. 施工作业质量的自检

施工作业质量的自检，是贯穿整个施工过程的最基本的质量控制活动，包括施工单位内部的工序作业质量自检、互检、专检和交接检查。施工作业质量自检应严格坚持质量标准，对已完检验批及分部分项工程的施工质量，必须在施工单位完成质量自检并确认合格之后，才能报请现场监理机构进行检查验收。

前道工序作业质量经验收合格后，才可进入下道工序施工。未经验收合格的工序，不得进入下道工序施工。对不合格的施工作业质量，不得进行验收签证，必须按照规定的程序进行处理。

d. 施工作业质量的记录

施工图纸、质量计划、作业指导书、材料质保书、检验试验及检测报告、质量验收记录等，是形成可追塑性的质量保证依据，也是工程竣工验收所不可缺少的质量控制资料。因此，对施工作业质量的记录，应有计划、有步骤地按照施工管理规范的要求进行填写记载，做到及时、准确、完整、有效，并具有可追溯性。

②施工作业质量的监控

我国《建设工程质量管理条例》规定，国家实行建设工程质量监督管理制度。建设单位、监理单位、设计单位及政府的工程质量监督部门，在施工阶段依据法律法规和工程施工承包合同，对施工单位的质量行为和质量状况实施监督控制。

作为监控主体之一的项目监理机构，在施工作业实施过程，根据其监理规划与实施细则，采取现场旁站、巡视、平行检验等形式，对施工作业质量进行监督检查，如发现工程施工不符合工程设计要求、施工技术标准和合同约定的，有权要求建筑施工企业改正。监理机构应进行检查而没有检查或没有按规定进行检查的，给建设单位造成损失时应承担赔偿责任。

必须强调，施工质量的自控主体和监控主体，在施工全过程相互依存、各负其责，共同推动着施工质量控制过程的展开和最终实现工程项目的质量总目标。

现场质量检查是施工作业质量的监控的主要手段。现场质量检查的内容包括：

a. 开工前的检查：主要检查是否具备开工条件，开工后是否能够保持连续正常施工，能否保证工程质量；

b. 工序交接检查：对于重要的工序或对工程质量有重大影响的工序，应严格执行"三检"制度，即自检、互检、专检。未经监理工程师（或建设单位技术负责人）检查认可，不得进行下道工序施工；

c. 隐蔽工程的检查：施工中凡是隐蔽工程必须检查认证后方可进行隐蔽掩盖；

d. 停工后复工的检查：因客观因素停工或处理质量事故等停工复工时，经检查认可后方能复工；

e. 分项、分部工程完工后的检查，应经检查认可，并签署验收记录后，才能进行下一工程项目的施工；

f. 成品保护的检查：检查成品有无保护措施以及保护措施是否有效可靠。

现场质量检查的方法主要有目测法、实测法和试验法等。

③技术核定与见证取样送检：

a. 技术核定

在建设工程项目施工过程中，因施工方对施工图纸的某些要求不甚明白，或图纸内部存在某些矛盾，或工程材料调整与代用，改变建筑节点构造、管线位置或走向等，需要通过设计单位明确或确认的，施工方必须以技术核定单的方式向监理工程师提出，报送设计单位核准确认。

b. 见证取样送检

为了保证建设工程质量，我国规定对工程所使用的主要材料、半成品、构配件以及施工过程留置的试块、试件等应实行现场见证取样送检。见证人员由建设单位及工程监理机构中有相关专业知识的人员担任；送检的试验室应具备经国家或地方工程检验检测主管部门核准的相关资质；见证取样送检必须严格按执行规定的程序进行，包括取样见证并记录、样本编号、填单、封箱、送试验室、核对、交接、试验检测、报告等。

3）事后质量控制

主要是指工程施工质量的检查验收。根据《建筑工程施工质量验收统一标准》，所谓"验收"，是指建筑工程在施工单位自行质量检查评定合格的基础上，由工程质量验收责任方组织，参与建设活动的有关单位共同对检验批、分项、分部、单位工程的质量进行抽样复验，对技术文件进行审核，并根据设计文件和相关标准以书面形式对工程质量达到合格与否做出确认。

冶炼工程质量验收，按工程性质分为工业建筑工程和工业安装工程。工业建筑工程包括地基与基础、主体结构、建筑装饰装修、建筑屋面等工程；工业安装工程包括工业设备、工业管道、电气装置、自动化仪表、防腐蚀、绝热、工业炉砌筑等工程。按项目构成分为单位（子单位）工程、分部（子分部）工程、分项工程和检验批（工序）。

①施工过程质量验收

由于工程施工的复杂性，质量验收不能等到工程全部完工后再进行。很多情况下，只有前道工序质量合格，才能保证后道工序工序质量合格；而且等到工程全部完工后，很多隐蔽工程就无法进行检查检验了。所以相当一部分的质量验收工作要在施工过程中进行。

施工过程的质量验收包括以下验收环节，通过验收后留下完整的质量验收记录和资料，为工程项目竣工质量验收提供依据。

a. 检验批质量验收

所谓检验批是指"按同一的生产条件或按规定的方式汇总起来供检验用的，由一定数量样本组成的检验体"，"检验批可根据施工及质量控制和专业验收需要按楼层、施工段、变形缝等进行划分"。检验批是工程验收的最小单位，是分项工程乃至整个建筑工程质量验收的基础。

检验批质量验收合格要求主控项目和一般项目的质量经抽样检验合格；并具有完整的施工操作依据、质量检查记录。

主控项目是指是对检验批的基本质量起决定性作用的检验项目。因此，主控项目的验收必须从严要求，不允许有不符合要求的检验结果，主控项目的检查具有否决权。除主控项目以外的检验项目称为一般项目。

b. 分项工程质量验收

分项工程的质量验收在检验批验收的基础上进行。一般情况下，两者具有相同或相近的性质，只是批量的大小不同而已。分项工程可由一个或若干检验批组成。

分项工程质量验收合格要求分项工程所含的检验批均应符合合格质量的规定；分项工程所含的检验批的质量验收记录应完整。

c. 分部工程质量验收

分部工程的验收在其所含各分项工程验收的基础上进行。分部工程应由总监理工程师（建设单位项目负责人）组织施工单位项目负责人和技术、质量负责人等进行验收；地基与基础、主体结构分部工程的勘察、设计单位工程项目负责人和施工单位技术、质量部门负责人也应参加相关分部工程验收。

分部（子分部）工程质量验收合格要求所含分项工程的质量均应验收合格；质量控制资料应完整；地基与基础、主体结构和设备安装等分部工程有关安全、使用功能、节能、环境保护的检验和抽样检验结果应符合有关规定；观感质量验收应符合要求。

②竣工质量验收

施工项目竣工质量验收是施工质量控制的最后一个环节，是对施工过程质量控制成果的全面检验，是从终端把关方面进行质量控制。未经验收或验收不合格的工程，不得交付使用。

竣工质量验收的标准是：

单位工程是工程项目竣工质量验收的基本对象。按照《建筑工程施工质量验收统一标准》，建设项目单位（子单位）工程质量验收合格应符合下列规定：

a. 单位（子单位）工程所含分部（子分部）工程质量验收均应合格；

b. 质量控制资料应完整；

c. 单位（子单位）工程所含分部工程有关安全和功能的检验资料应完整；

d. 主要功能项目的抽查结果应符合相关专业质量验收规范的规定；

e. 观感质量验收应符合规定。

一个冶炼工程项目，不论大小，都应由工程项目负责人（项目经理）组织向建设单位办理竣工工程验收和移交手续。如果项目施工已经全部完成，但由于外部原因（如缺少或暂时缺少电力、煤气、燃料等）不能投产使用或不能全部投产使用，也应该视为竣工，及时组织竣工验收。因为这些外部原因和条件，不是工程本身问题。

冶炼工程竣工验收大致有以下工作：

为了把竣工验收工作做得比较顺利，一般地可分为两个步骤进行。一是由施工单位先进行自验收；二是正式验收，即由建设单位同施工单位共同验收。有的大工程或重要工程，还要上级领导单位或地方政府派员参加，共同进行验收，验收合格后，即可将工程正式移交建设单位使用。

A、竣工自验收（亦称竣工预验收）

a. 自验收的标准应与正式验收一样，主要依据是：国家（或地方政府主管部门）规定的竣工标准和竣工口径；工程完成情况是否符合施工图纸和设计的使用要求；工程质量是否符合国家和地方政府规定的标准和要求；工程是否达到合同规定的要求和标准，等等。

　　b. 参加自验的人员，应由项目经理组织生产、技术、质量，合同、预算以及有关的施工员、工号负责人等共同参加。

　　c. 自验收的方式，应分单位工程、单项工程，由上述人员按照自己主管的内容逐一进行检查。在检查中要做好记录。对不符合要求的部位和项目，确定修补措施和标准，并指定专人负责，定期修理完毕。

　　d. 复验。在基层施工单位自我检查的基础上，并对查出的问题全部修补完毕以后，项目经理应提请上级进行复验（按一般习惯，国家重点工程、省市级重点工程，都应提请总公司级的上级单位复验）。通过复验，要解决全部遗留问题，为正式验收作好充分的准备。

　　B、正式竣工验收

　　在自验收的基础上，确认工程全部符合竣工验收标准，具备了交付使用的条件后，即可开始正式竣工验收工作：

　　a. 发出《竣工验收通知书》——施工单位应于正式竣工验收之日前10天，向业主单位发送《竣工验收通知书》。

　　b. 组织验收工作——工程竣工验收工作由建设单位邀请设计单位及有关方面参加，同施工单位一起进行检查验收。

　　c. 签发《竣工验收证书》并办理工程移交——在建设单位验收完毕并确认工程符合竣工标准和合同条款规定要求以后，即应向施工单位签发《竣工验收证明书》。

　　d. 进行工程质量评定。

　　e. 办理工程档案资料移交。

　　f. 办理工程移交手续——在对工程检查验收完毕后，施工或承包单位要向业主单位逐雾办理工程移交手续和其他固定资产移交手续，并应签认交接验收证书。还要办理工程结算手续。工程结算由施工单位提出，送建设单位审查无误以后，由双方共同办理结算签认手续。工程结算手续一旦办理完毕，合同双方除施工单位承担工程保修工作（一般保修期为一年）以外，建设单位同承包单位双方（即甲、乙双方）的经济关系和法律责任，即予解除。

　　（5）施工质量事故的处理

　　1）修补处理

　　当工程的某些部分的质量虽未达到规定的规范、标准或设计的要求，存在一定的缺陷，但经过修补后可以达到要求的质量标准，又不影响使用功能或外观的要求，可采取修补处理的方法。例如，某些混凝土结构表面出现蜂窝、麻面，经调查分析，该部位经修补处理后，不会影响其使用及外观；对混凝土结构局部出现的损伤，如结构受撞击、局部未振实、冻害、火灾、酸类腐蚀、碱骨料反应等，当这些损伤仅仅在结构的表面或局部，不影响其使用和外观，可进行修补处理。再比如对混凝土结构出现的裂缝，经分析研究后如果不影响结构的安全和使用时，也可采取修补处理。

　　2）加固处理

　　主要是针对危及承载力的质量缺陷的处理。通过对缺陷的加固处理，使建筑结构恢复或提高承载力，重新满足结构安全性可靠性的要求，使结构能继续使用或改作其他用途。

例如，对混凝土结构常用加固的方法主要有：增大截面加固法、外包角钢加固法、粘钢加固法、增设支点加固法、增设剪力墙加固法、预应力加固法等。

3）返工处理

当工程质量缺陷经过修补处理后仍不能满足规定的质量标准要求，或不具备补救可能性则必须采取返工处理。例如，某公路桥梁工程预应力张拉系数按规定为1.3，而实际仅为0.8，属严重的质量缺陷，也无法修补，只能返工处理。再比如某轧钢厂设备基础的混凝土浇筑时掺入木质素磺酸钙减水剂，因施工管理不善，掺量多于规定7倍，导致混凝土坍落度大于180mm，石子下沉，混凝土结构不均匀，浇筑后5天仍然不凝固硬化，28d的混凝土实际强度不到规定强度的32%，不得不返工重浇。

4）限制使用

当工程质量缺陷按修补方法处理后无法保证达到规定的使用要求和安全要求，而又无法返工处理的情况下，不得已时可做出诸如结构卸荷或减荷以及限制使用的决定。

5）不做处理

某些工程质量问题虽然达不到规定的要求或标准，但其情况不严重，对工程或结构的使用及安全影响很小，经过分析、论证、法定检测单位鉴定和设计单位等认可后可不作专门处理。可不做专门处理的情况有以下几种：

①不影响结构安全、生产工艺和使用要求的。例如，有的工业建筑物出现放线定位的偏差，且严重超过规范标准规定，若要纠正会造成重大经济损失，但经过分析、论证其偏差不影响生产工艺和正常使用，在外观上也无明显影响，可不做处理。又如，某些部位的混凝土表面的裂缝，经检查分析，属于表面养护不够的干缩微裂，不影响使用和外观，也可不做处理。

②后道工序可以弥补的质量缺陷。例如，混凝土结构表面的轻微麻面，可通过后续的抹灰、刮涂、喷涂等弥补，也可不做处理。再比如，混凝土现浇楼面的平整度偏差达到10mm，但由于后续垫层和面层的施工可以弥补，所以也可不做处理。

③法定检测单位鉴定合格的。例如，某检验批混凝土试块强度值不满足规范要求，强度不足，但经法定检测单位对混凝土实体强度进行实际检测后，其实际强度达到规范允许和设计要求值时，可不做处理。对经检测未达到要求值，但相差不多，经分析论证，只要使用前经再次检测达到设计强度，也可不做处理，但应严格控制施工荷载。

④出现的质量缺陷，经检测鉴定达不到设计要求，但经原设计单位核算，仍能满足结构安全和使用功能的。例如，某一结构构件截面尺寸不足，或材料强度不足，影响结构承载力，但按实际情况进行复核验算后仍能满足设计要求的承载力时，可不进行专门处理。这种做法实际上是挖掘设计潜力或降低设计的安全系数，应谨慎处理。

6）报废处理

出现质量事故的工程，通过分析或实践，采取上述处理方法后仍不能满足规定的质量要求或标准，则必须予以报废处理。

2.4.2 施工质量控制案例

【案例8】

（1）背景

某建设公司承建某有色冶炼工程机电设备安装项目，工程内容有主体及公辅项目各类机械设备、能源介质管道系统、电气装置、自动化仪表、筑炉、建筑给排水及采暖、通信及计算机、通风与空调、液压润滑系统、工艺钢结构制作安装等，包括施工、调试、单机试车、无负荷联动试车、配合热试车等工作。

　　（2）问题

　　请编制该项目的施工质量计划。

　　（3）分析

　　针对该项目的具体情况编制施工质量计划如下：

　　一、质量方针

　　科技领先，保证质量，严守合同，竭诚服务。

　　在工程上——坚持质量第一，创优质工程，出"精品"；

　　在服务上——坚持用户第一，树立用户是"上帝"的思想；

　　在目标上——争创行业第一，做到"五个"加强。即：

　　一是满足用户要求，加强为业主服务；

　　二是突出工程实体质量，加强过程控制；

　　三是实行项目管理，加强对现场的组织领导；

　　四是提高全员素质，加强基础管理；

　　五是坚持合同工期，加强施工协调。

　　二、质量目标

　　本工程质量等级达到合格标准，所有分项工程验收合格率100%，单位工程一次验收合格率达到100%。

　　三、工程质量管理体系

　　本公司质量体系已通过 GB/T 19000—ISO 9000 质量管理体系认证。

　　建立以项目经理为第一责任人、项目总工为直接管理责任人、质量管理部为主管责任部门、其他部门为配合管理部门、各施工班组为具体实施责任单位的施工质量管理体系。在项目上成立质量工作领导小组，项目经理担任小组长，项目总工程师、项目施工经理担任副组长，专职质量员任组员，从而形成整个工程项目施工质量管理体系（见图 2-5）。

　　工程质量管理人员职责分工如下：

　　（一）项目经理

　　1. 项目经理是施工现场的施工组织者和质量保证工作的直接领导者，对工程质量负有直接责任。

　　2. 贯彻执行国家的质量政策、方针、法令和上级有关规定；负责建立项目质量管理体系，组织编制工程项目质量计划，分配和落实有关质量职能，保证质量管理体系运行所需的资源，确保企业质量方针的落实，完成项目质量目标。

　　3. 建立内部沟通渠道，确保质量管理体系的信息交流。

　　4. 坚持对全体职工进行"质量第一"的思想教育，向公司员工传达满足顾客和法律法规要求的重要性。组织开展群众性的质量管理活动。批准必要的质量奖惩政策，鼓励取得显著质量工作成绩的人员，惩罚造成重大事故的责任者。

　　5. 接受质量管理部门及检验人员的质量检查和监督，对提出的问题应认真处理或整

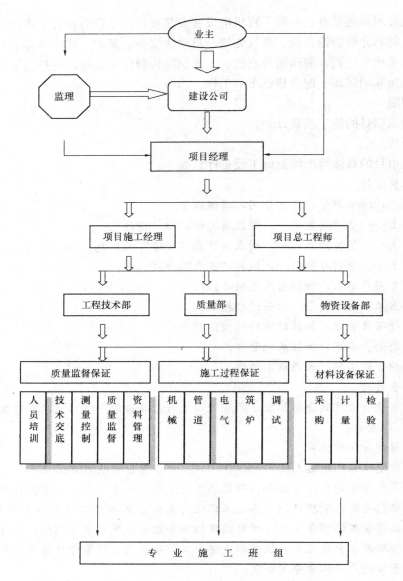

图 2-5 · 施工质量管理体系

改，并针对问题性质及工序能力调查情况进行分析，采取措施。

6. 发生质量事故应及时上报，并按处理方案组织处理。

7. 负责组织单位工程、分部工程验收前的自检并参加验收。

8. 组织与开展有效活动（样板引路、无重大事故、消除质量通病、QC 等），提高工程质量。

9. 加强培训，提高管理人员和操作者的技术素质，降低质量成本。

（二）项目施工经理

1. 项目副经理是工序质量的直接责任人，负责工序交接检查。

2. 认真贯彻"谁施工，谁负责工程质量"的原则，严格执行施工方案、工艺纪律，按照设计图纸、施工程序、操作规程和施工技术标准组织施工，不得擅自修改工程设计，不得偷工减料。

3. 严格执行材料进场验收制度，未经检验或者检验不合格的，不得使用。

4. 组织编制和调整年、季、月施工进度计划，正确处理质量与进度的关系，在质量与进度发生矛盾时，坚持质量第一，对由于指挥失误、违反施工程序而导致的工程质量低劣负责。

5. 组织实物交工验收，并落实收尾工作。

6. 在工程保修期间内，组织对工程回访、保修等服务。

（三）项目总工程师

1. 总工程师是本项目技术工作的总负责人，协助项目经理管好质量工作，执行项目经理的质量决策和意图，对工程质量负有管理责任。

2. 在项目经理领导下，按 GB/T 19001—2000 标准要求建立、实施并保持质量管理体系。

3. 组织贯彻国家各项质量政策方针及法律、法规；组织做好有关技术标准、规范、操作规程的贯彻执行工作。

4. 策划并实施证实产品符合性、确保质量管理体系符合性、持续改进质量管理体系有效性所需的监视、测量、分析和改进过程。

5. 组织项目部质量工作会议，分析项目部质量倾向及重大质量问题的治理决策，提出技术措施和意见。组织质量事故的调查、分析、审查和批准处理方案。

6. 组织推行"新工艺、新技术、新材料、新方法"四新技术，不断提高项目部的科学管理水平。

7. 依据上级质量管理的有关规定、国家标准、规程和设计图纸的要求，结合工程实际情况组织编制工程总体规划、施工方案、检验和试验计划以及技术交底措施。

8. 对质量管理中工序失控环节，存在的质量问题，及时组织有关人员分析判断，提出解决办法和措施。

9. 组织分项工程验收前的自检并参加验收。

10. 指导 QC 小组活动，审查 QC 小组活动成果报告。

（四）质量部长

1. 有权制止不按国家标准、规范、技术措施要求和技术操作规程施工的行为。已造成质量问题的，提出返工意见。

2. 检查现场质量自检情况及记录的正确性。

3. 及时上报发生的质量问题或质量事故，并提出分析意见及处理方法。

4. 组织现场开展质量自检和工序交接的质量互检活动，开展质量预控活动，做好自检记录和施工记录等各项质量记录。

5. 严格按照国家标准、规范、规程进行全面监督检查，持证上岗，对管辖范围的检查工作负全面责任。

6. 严把材料检验、工序交接、隐蔽验收关，审查操作者资格，审查检验批、分项工程质量及施工记录，发现漏检或不负责任现象，追究其质量责任。

7. 负责区域内的工程质量动态分析和事故调查分析。

8. 负责工程检验批的检查、评定并参加验收。

9. 协助项目总工、项目经理做好分项、分部、单位工程质量验收、评定工作，做好有关工程质量记录。

四、主要施工工艺与操作方法（详见施工组织设计）

五、施工质量保证措施

（一）精心策划，落实措施，提高质量管理预见性

工程施工前，我们不仅对施工组织设计、项目管理（含质量计划）计划进行认真分析精心编制，为了杜绝创优的随意性和盲目性，我们还将在此基础上编制创优规划，认真地分析并找出工程施工中的弱点、难点、可能出现的盲点、特点和亮点来，然后制定对策，落实工序创优措施。

（二）严格工序，过程监督，搞好质量预控

工序实行"三检二查"制度。每道工序完成后，均实行"三检二查"制度，"三检"即班组自检、质量员专检、工序交接检；"二查"即项目部和公司质量技术部定期检查，发现问题及时整改。

（三）过程施工严把"八道关口"

方案关——坚持按方案、按设计施工；

交底关——坚持工程无交底不准施工；

材料关——坚持不复检或不合格的材料不得用于工程；

操作关——坚持持牌作业和先做样板段制度，人员不落实，责任不明确，不准盲目施工；

会签关——坚持隐蔽工程会签和专业工序交接会签；

内检关——坚持先自检后专检的原则，不经专检的工序不准进入下道工序；

检验关——在充分发挥公司"国家认可实验室"作用的基础上，严格材料、成品及半成品以及施工过程中的质量检验；

同步关——坚持实体与软件资料同步，资料不全，不准通知监理验收。

通过这"八道关口"，严格施工程序，减少工作失误，使施工全过程得到有效控制，从而保证工程质量。

（四）注重细部，精益求精，着力治理质量通病

1. 各专业成立质量通病防治小组，使通病防治做到有目标、有计划、有组织、有落实。

2. 制定科学的防治方案和措施。

3. 改变传统落后的操作方法，加强细部质量控制。在施工中我们要求先做样板段，对操作工艺和操作方法进行考评，然后选出精品段再进行推广。

（五）及时总结，认真分析，持续改进质量

随着工程的进展，我们将分阶段、分专业及时进行总结，对存在的严重质量问题组织相关专家进行讨论、分析，找出原因，制定对策，使工程质量得到持续改进，不断提高。

【案例9】

（1）背景

某钢铁厂铁合金库扩建工程，新增建筑面积 3200m²，钢筋混凝土框架结构，基础采用静力压桩（预应力钢筋混凝土管桩），桩采用焊接接头。

（2）问题

如何设置静力压桩（预应力钢筋混凝土管桩）施工质量控制点？

（3）分析

静力压桩（预应力钢筋混凝土管桩）施工质量控制点如下：

①桩材检验：预应力钢筋混凝土管桩运至现场应核查出厂合格证与桩材质量是否相符，检验合格后方准使用。

②桩位控制：压桩前按施工图对已放线定位的桩位进行系统的轴线复核，做好桩位技术复核记录；压桩过程中应对每个桩位进行复核，防止发生桩位位移。

③压桩顺序：按基础设计标高，先深后浅；按桩的规格，先大后小，先长后短；压桩行进的方向应自原有厂房边向外、自中间向两端方向进行。

④桩身垂直度控制：保证桩架稳定垂直，控制桩帽、桩身在同一中线上；管桩插入时的垂直度偏差不得到超过 0.5%，沉桩时，用两台经纬仪从互相垂直的两个方向监测桩的垂直度。

⑤接桩质量控制：焊接接桩的钢材应用低碳钢，接头处的间隙用铁片填实焊牢，对称焊接，焊缝应连续饱满，焊后冷却超过 1min 方可施压。

【案例 10】

（1）背景

某轧钢车间地下油库工程，上部墙体和顶板钢筋混凝土浇灌前经监理检查签字认可，浇灌后按规范要求养护，拆模后发现有多处混凝土质量通病：靠厂房外侧墙面混凝土施工缝处接槎错台，水泥浆流淌；顶板柱、梁交接处底部有 3 处露筋，在密集的钢筋中间和预埋件上面发现孔洞；东面墙施工缝渗漏水。

（2）问题

1）请分析混凝土施工缝处接槎错台、水泥浆流淌的一般原因，如何预防？该地下油库靠厂房外侧墙面混凝土出现的这个问题应如何处理？

2）请针对该工程的实际情况，分析顶板柱、梁交接处底部出现露筋、孔洞的原因，如何预防、如何处理？

3）地下工程墙体施工缝漏水的一般原因是什么？如何预防、如何处理？

4）该工程钢筋混凝土浇灌前经监理检查签字认可，浇灌后亦按规范要求养护，拆模后仍发现有多处混凝土质量通病，问题出在哪里？针对这个情况监理应从哪方面改进工作？

（3）分析

1）混凝土施工缝处接槎错台、水泥浆流淌的一般原因是，第一次浇混凝土后模板全部拆除，第二次支模时模板与原混凝土之间不严密，造成漏浆。

预防措施：

①上下墙接槎处，第一次拆模时留一层，并与第二次支模连接牢固、贴紧。

②用水泥浆堵缝，防止漏浆。

③控制模板整体垂直度。

对这个问题应按常规进行质量检查、评定、记录，但因问题出现在地下油库靠厂房外侧墙面，土方回填之后就掩蔽了，如果仅是出现接槎错台、漏浆，而混凝土是密实的，可不予处理。

2）该工程顶板柱、梁交接处底部出现露筋、孔洞的原因主要是该部位钢筋过密，又有预埋件锚爪，大石子容易卡在钢筋上，下料不畅通，又未加强振捣，混凝土不能充满模板和钢筋周围，产生露筋和孔洞。

预防措施：

① 混凝土粗骨料要根据钢筋密集的程度选用适当大小的石子；

② 使用钢钎等适合的工具配合下料和捣固；

③ 认真分层捣固，防止漏捣。

处理方法：浅层的露筋，将外露钢筋上的混凝土残渣和铁锈清理干净，用水湿润，再用水泥砂浆抹压平整；如露筋较深，应将薄弱混凝土剔除，冲刷干净湿润，用高一级的混凝土捣实，认真养护；孔洞要经有关单位共同研究，制定补强方案，经批准后方可处理。

3）地下工程墙体施工缝漏水的一般原因有：

① 在支模和绑钢筋的过程中，锯末、泥土等杂物掉入缝内没有及时清除，浇筑上层混凝土后，在新旧混凝土间形成夹层；

② 在浇筑上层混凝土时，没有先在施工缝处铺一层水泥砂浆，上、下层混凝土不能牢固粘结；

③ 钢筋过密，内外模板距离狭窄，混凝土浇捣困难，施工质量不易保证；

④ 下料方法不当，骨料集中于施工缝处；

⑤ 止水板漏焊，焊缝不连续。

预防措施：

① 施工缝是地下混凝土工程的薄弱部位，应尽量不留或少留。底板与墙体间如必须留施工缝时，应留在墙体上，并且要高出底板上表面不少于200mm；

② 认真做好施工缝的处理，使上、下两层混凝土之间粘结密实，以阻隔地下水渗漏；

③ 施工缝不宜采用平口缝，应尽量采用不同形式的企口缝，可推广二次支模法；

④ 止水板必须满焊。

治理方法：

① 根据施工缝渗漏情况和水压大小，采取促凝胶浆或氰凝灌浆堵漏；

② 对于不渗漏的施工缝，可沿缝凿成八字形凹槽，遇有松散部位，须将松散石子剔除，刷洗干净后，用水泥砂浆找平压实；

③ 在施工缝处凿毛，清洗干净抹200mm宽，20mm厚水泥砂浆。

4）该工程钢筋混凝土浇灌前经监理检查签字认可，浇灌后亦按规范要求养护，拆模后仍发现有多处混凝土质量通病，问题是出在混凝土浇筑过程中，施工人员没有认真按照施工规范和施工方案进行施工。监理应加强混凝土浇筑过程的事中控制，实行旁站监督，特别要监督混凝土的下料和捣固工序认真按规范操作。

【案例11】

（1）背景

某轧钢车间屋面工程，采用角驰Ⅲ压型钢板，要求按业主指定的《角驰Ⅲ压型板屋面节点图集》（BS-006-2005）和《角驰Ⅲ压型钢板施工技术规程》（Q/B GJ005—2002）施工，基板及涂层各项指标应符合 GB/T 12754 的规定，压型板厚度 0.8mm。本工程有四个标段，各标段压型钢板均在现场压制。监理在安装前施工单位送验材料时发现角驰Ⅲ型支架材料选用了 Q235 普通带钢；施工单位在第一标段屋面瓦施工前做了一个檩距的小样，请监理、业主相关部门到场参加检验，通过后即全面铺开四个标段施工。完工后发现多处漏雨，经检查漏雨处多为上下两排压型板搭接处或屋脊盖板与屋面压型板连接处及压型板与泛水的搭接处，搭接长度 90～180mm 不等。

（2）问题

1）在压型钢板屋面工程中，施工单位应将哪些材料送监理检验？角驰Ⅲ型压型板支架材料应选用什么钢材？

2）在压型钢板屋面施工中，哪些工序应坚持首件样板制？本工程有四个标段，施工单位在第一标段屋面瓦施工前做一个檩距小样报检通过后，即全面铺开四个标段施工的做法是否正确？

3）从本工程实际情况来看，屋面多处漏雨的主要原因是什么？

（3）分析

1）在压型钢板屋面工程中，施工单位应送验的材料包括屋面工程所用的彩色压型板、玻璃钢板、保温材料、百叶窗、连接件（包括自攻螺钉、拉铆钉、固定支架、尼龙扣、螺栓等），辅助材料（包括密封胶带、密封条、密封胶、泡沫塑料堵头、泛水板、堵头板、挡水板等）。材料的品种、规格、性能必须符合现行国家产品标准，加工订货前应先将样品分别送项目组和监理检查确认、封样，材料进场后，应有产品合格证书和性能检测报告，报监理对照样品分批检验。角驰Ⅲ型压型板支架材料应选用 Q235B 镀锌钢板。

2）在压型钢板屋面施工中必须坚持首件样板制：各标段屋面瓦施工前应做一个檩距的小样，特别注意伞形的中叶插入角驰Ⅲ型板后无松动；压型机进场后要逐台试压验收，开始时先试压 20 张检查跑偏，正常后再扩大至 50 张一批检查跑偏；各标段应先试咬口半跨屋面板；首件天窗面板安装，首次玻璃钢瓦安装，以及细部首次施工，均应通知监理、业主相关部门和设计单位，到场参加检验，通过后再全面施工。只在第一标段屋面瓦施工前做一个檩距小样报检通过后即全面铺开四个标段施工的做法是不正确的。

3）从本工程的实际情况来看，屋面多处漏雨的主要原因是上下两排压型板搭接处、屋脊盖板与屋面压型板连接处及压型板与泛水的搭接处的搭接长度不够，这些部位的搭接长度应≥200mm。

2.5 施 工 成 本 控 制

2.5.1 施工成本控制概要

（1）建筑安装工程费用的构成

建筑安装工程费的构成见图 2-6。施工承包合同价的主要组成部分就是建筑安装工程费，是施工单位向建设单位收取的费用。

（2）施工成本控制的内容

如果说施工承包合同价款是施工单位费用的来源，施工成本就是施工单位在施工中的耗费，是施工单位为完成施工项目的建筑安装工程任务所耗费的各项费用的总和。按成本费用的性质分析，施工成本可分为直接成本和间接成本。直接成本是形成工程项目实体的

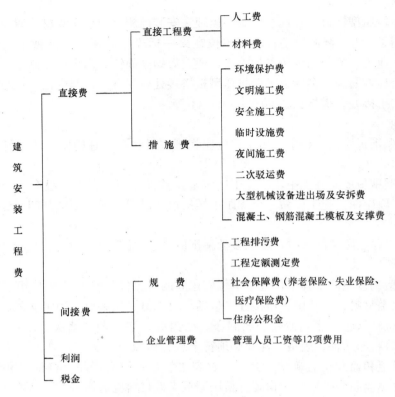

图 2-6　建筑安装工程费的构成

费用，包括人工费、材料费、施工机械使用费和措施费；间接成本是企业为组织和管理项目施工而发生的经营管理性费用。按成本费用与完成工作量的关系分析，施工成本可以分为固定成本与变动成本。固定成本与一定时间内完成的工程量多少无关，是无论完成工作量多少都要发生的成本；而变动成本则随一定时间内完成工程量的增加而增加，工作量完成越多成本发生越多。

　　建设单位通过招标投标把施工承包合同价控制在施工图预算以内，施工单位应该以收定支，以承包合同价作为目标，控制施工成本支出。为此，施工单位要参照预算定额或本企业的施工定额，对工程量清单所列各个项目进行工料分析，计算出各个分部、分项工程和各个单位工程（包括相应的技术措施项目）的人工费、材料费、施工机械使用费，以及项目的管理费用和合同约定的安全防护、文明施工措施费用，以此作为限额，分别对各项费用支出进行严格管理和控制。

　　1）人工费的控制

　　工程项目部使用劳务工或与劳务公司签订劳务合同时，应将人工费单价控制在定额单价（有人工费价差调整时，应乘上调差系数）以内；每一个分部、分项工程和每一个单位工程的人工费支出，应不超过该工程的定额用工数与人工定额单价（含价差）的乘积；加上定额外人工费或关键工序的奖励的支出，总的人工费支出不应超过该工程的人工费限额；有节余可用于补贴其他费用之不足或形成利润。

　　2）材料费控制

　　冶炼工程施工承包合同一般都规定水泥、钢材、木材、耐材、电缆及桥架等主要材料和制品的价格随行就市，高进高出，按实结算；地方材料预算价格等于基准价加价差。对材料费进行控制，要以预算价格来控制地方材料的采购价格；材料消耗量的控制，应通过限额领料等措施来落实。由于材料市场价格变动频繁，项目材料管理人员要密切关注材料市场价格变动，收集翔实数据，争取依据按合同从建设单位获得合理的价差补贴。

3）施工机械使用费的控制

首先，在施工前对施工机械使用方案进行技术经济分析，选用经济实用的施工方法，努力减少施工机械的计划使用量；其次，控制施工机械使用台班单价，同时要争取合理的机械费价差补贴；特别是冶炼工程常要使用许多特殊的大型施工机械，订合同时就要与建设单位妥善商定这些机械的合理使用价格，包括属于措施费的大型施工机械进出场及拆装费用等。

4）构件加工费和分包工程费的控制

这两方面的费用包含了直接费和加工、分包单位的管理费和利润。按照"量入为出"的原则，以中标的工程量清单报价为限额，从工程量和综合单价两个方面对构件加工费和分包工程费进行控制；施工总承包单位要充分考虑留足总承包管理和配合的成本费用。

5）项目管理费用的控制

项目管理机构要精简，要合理确定管理幅度和管理层次，人员配备要精干，按照岗位、任务配置管理人员，允许兼职和能够兼职的尽量兼职，按照施工进展的需要安排管理人员进场、退场，最大限度地减少冗余人员；项目部的办公生活设施，按照安全、卫生、经济、适用的原则设置，现场使用的车辆、电脑、电话、传真机、复印机等交通、办公、通信器具也应该按照必须和节约的原则配置和使用；还可以采取对各业务管理部门实行费用承包、节约分成或奖励等措施，控制项目管理费用的支出。

6）安全防护、文明施工措施费用的控制

这是一项需要进行专门控制管理的费用。根据建设部关于《建筑工程安全防护、文明施工措施费用及使用管理规定》，该项费用是指按照国家现行的建筑施工安全、施工现场环境与卫生标准和有关规定，购置和更新施工安全防护用具及设施、改善安全生产条件和作业环境所需要的费用。施工单位在投标时，对该项费用单独报价，并且不得低于依据工程所在地工程造价管理机构测定费率计算所需费用总额的90%；中标后该项费用由施工总承包单位统一管理，并要确保该项费用专款专用，在财务管理中单独列出安全防护、文明施工措施项目费用清单备查。监理单位对安全防护、文明施工措施的落实和该项费用的使用实行监理。

（3）施工成本控制的措施

施工企业应以施工项目成本控制为中心进行成本控制。要达到控制施工成本的目的，必须加强施工过程中各个方面的管理，因为所有的施工活动都与施工成本相关，管理的好坏都会反映到施工成本上来。

项目成本控制的主要着力点和降低成本的相应措施有：

1）采购费用管理

① 施工材料、构配件的采购、加工的费用——货比三家，集中采购，批量加工等。

② 施工机械、设备、周转材料等的租赁或购置的费用——进行技术经济分析，优化施工方案，建立租赁基地，提高机械、设备的完好率、利用率和周转材料的周转率等。

③ 施工分包的选择或劳动力使用的费用——选择长期合作单位，建立劳务基地等。

2）施工定额管理

① 使用先进合理的施工定额，并在实践中不断收集信息、完善企业定额。

② 加强对作业队伍培训和认真进行施工任务交底，使每个作业人员明确施工方法、作业要领、工料消耗标准，以及工期、质量和安全等方面的要求，严格考核，提高效率，降低消耗。

3）施工质量管理

加强质量检查，及时发现不良施工倾向，避免施工质量缺陷和不合格工序产生，提高一次交验合格率，避免返工、报废损失和例外质量检测等造成成本的提高。

4）施工安全管理

加强安全管理，预防工伤事故，杜绝死亡事故，把处理安全事故的费用以及对职工的心理影响减少到最小程度。

5）施工进度和现场管理

加强施工进度网络计划管理和施工调度，最大限度地避免因施工计划不周和盲目调度造成窝工损失、机械利用率降低、物料积压、二次倒运等，努力降低施工成本。

① 周密进行施工部署，尽可能做到各专业工种连续均衡施工。

② 掌握施工作业进度变化及工序时差利用状况，健全施工例会制度，加强协调和调度。

③ 合理配置施工主辅机械，明确划分使用范围和作业任务，抓好进出场管理，提高利用率和使用效率。

6）施工合同管理

加强施工合同管理和施工索赔管理，正确运用施工合同条件和有关法规，及时办理下列原因所引起的施工成本增加或经济损失的签证、索赔手续。

① 按发包人或工程师指令执行的设计变更。

② 因非承包人原因所出现的施工条件变化，经工程师确认的施工方案或措施的变更。

③ 因发包人的施工图纸提供时间或合同规定由发包人提供的其他施工条件不能按规定时间和要求落实到位，影响施工按计划进行而造成的工期延误和经济损失等。

2.5.2 施工成本管理案例

【案例 12】

（1）背景

某公司承建一冶炼厂，项目建设中期的施工成本分析显示，已完工程所花费的费用比预算费用超出许多。其中机械利用率较低，施工机械使用费超支；材料使用量也比预算量超出许多。

（2）问题

① 施工项目成本控制主要应对哪几个方面费用进行控制？

② 成本控制可以有哪些措施？

③ 根据该工程的实际成本状况，应该加强在哪些环节的管理，采取什么措施？

（3）分析

1）施工项目成本控制主要应对直接费和项目部管理费进行有效控制，直接费包括：人工费、机械使用费、材料费和措施费四个部分。同时，项目部还应该对构件加工费和分包工程费加强控制。

2）成本控制主要有采购费用管理、定额管理、质量管理、安全管理、施工管理和合同管理六个方面的措施。

3）该工程应该从管理方面加强控制，支出超出预算与施工管理不善有很大关系。因此，有关人员应该加强网络计划管理和施工调度，避免因为施工计划不周和施工组织不善造成的窝工、机械使用率降低、因为材料存放时间过久引起的材料库存费用增大和材料不必要消耗量增加，以及施工组织不善引起的二次搬运等，从而减少施工成本发生。具体措施有：

① 进行周密的施工部署，尽量使各个专业的工种连续均衡施工。

② 掌握施工中的进度变化和工序时差利用状况，健全施工例会，加强协调和调度。

③ 使主要机械和辅助机械达到合理配置，明确划分使用范围和作业任务，抓好机械的进出场管理，使他们的使用效率都达到最好。

【案例 13】

（1）背景

某项目部承建××浮法玻璃厂综合楼项目，中标价 3318 万元，工期 8 个月，属合理低价中标。项目经理与公司签订的项目承包责任书要求该项目向公司上缴综合管理费 120 万元，实现目标利润 65 万元。项目的可控成本费用为：直接费中的人工费、材料费、施工机械使用费，间接费中的项目部管理费和现场临时设施费。

（2）问题

①项目部如何进行直接费预控？

②项目部如何进行间接费预控？

（3）分析

1）根据同类工程经验数据测算，直接费应控制在工程总价 80％以内。预控措施：

① 人工费按总价 13％预控：

从长期合作的劳务公司选择劳务作业队伍，主要工种执行本公司劳动定额，实行计件工资制，多劳多得，技工人工费约占总价 10％；

配合辅助人工费按分部/分项工程实行总价包干，为技工人工费 30％。

② 材料费按总价 55％预控：

工程材料在公司合格分供方名录中实行邀请招标采购，中标价格要经项目经理批准；

施工周转材料对作业层实行租赁制；

施工用料按消耗定额实行限额领料，节约部分 5∶5 分成。

③ 施工机械使用费按总价 12％预控：

钢筋、铁件加工使用企业内部设备，支付折旧费用；

井架、卷扬机等垂直运输设备使用企业内部设备，支付折旧费用；

混凝土运输、浇筑设备，其他起重运输设备，向长期合作单位租赁，支付优惠租赁费；

加强机械设备管理，保证完好率达 95％，使用率达 90％以上。

2）间接费控制在总价12％以内。预控措施：

① 项目部管理费按总价4％预控：

项目部配备人员8名和必备办公用品，小客车一部；人员工资、办公费、差旅费等各项费用一次核定；

固定资产折旧，检验试验费据实核销；

奖金按项目实现利润分成比例的70％预提。

② 临时设施费按总价5％预控：

生活设施租用附近民房，费用可比自建节省45％；

生产、办公设施按文明工地标准和简易、适用的原则自建，水电计量控制，其他费用一次核定；

③ 预留不可预见费用（占总价3％）由项目经理从严控制使用。

成本控制结果：人工超支28.4万元，其他各项费用均略有节余，实现利润92.3万元。

2.6 施 工 安 全 管 理

2.6.1 施工安全管理概要

（1）施工安全体系的建立

建筑施工是在特定空间进行人、财、物动态组合的过程，通过这一过程建成建筑产品。在这个过程中，施工场地相对狭窄，人员密集和流动频繁，工期紧迫而生产周期相对较长，是其显著的特点。施工生产的这些特点决定了组织安全生产的特殊性。

安全生产是施工项目的首要控制目标之一，也是衡量施工项目管理水平的重要标志。因此，施工项目负责人必须把实现安全生产，作为组织施工活动时的头等重要任务。

施工安全管理就是在进行施工生产的全过程中，按照施工中人、物、环境因素的运动规律，通过采用计划、组织、技术等手段，完成施工任务，又保证安全，控制事故不致发生的一切管理活动，也就是为施工项目实现安全生产开展的管理活动。

进行施工安全管理，首先要建立安全管理体系，其要点是：

1）成立由项目第一责任人为首的安全组织机构；

2）建立安全检查制度和安全教育培训制度；

3）编制安全操作规程和安全技术标准；

4）组成义务消防组及事故抢险队等应急队伍；

5）制定和落实安全事故应急预案。

（2）施工安全管理的范围

施工安全管理的中心问题，是保护生产活动中人的安全与健康，保证生产顺利进行。

宏观的安全管理包括劳动保护、安全技术和工业卫生，这是相互联系又相互独立的三个方面：

1）劳动保护侧重于以政策、规程、条例、制度等形式，规范操作或管理行为，从而使劳动者的劳动安全与身体健康，得到应有的法律保障。

2）安全技术侧重对"劳动手段和劳动对象"的管理。包括预防伤亡事故的工程技术和安全技术规范、技术规定、标准、条例等，通过规范物的状态，减轻或消除对人的威胁。

3）工业卫生着重对工业生产中高温、粉尘、振动、噪声、毒物的管理。通过防护、医疗、保健等措施，防止劳动者的安全与健康受到有害因素的危害。

（3）安全控制的基本方法

施工安全控制重点是对人的不安全行为与物的不安全状态的控制，落实安全管理决策与目标，以消除一切事故，避免事故伤害，减少事故损失为目的。其基本方法有：

1）建立、完善以项目经理为首的安全生产领导机构，承担组织、领导安全生产的责任，有效地开展安全管理活动。

2）建立各级人员安全生产责任制度，明确各级人员的安全责任：

项目经理是施工项目安全管理第一责任人。

各级职能部门、人员，在各自业务范围内，对实现安全生产的要求负责。

全员承担安全生产责任，落实安全生产责任制，从经理到工人的生产系统做到纵向到底，一环不漏；各个职能部门做到横向到边，人人负责。

3）施工项目应通过监察部门的安全生产资质审查，并得到安全生产许可。

一切从事生产管理与操作的人员，依照其从事的生产内容，分别通过企业、施工项目的安全审查，取得安全操作认可证，持证上岗。

特种作业人员，除了要接受企业的技术培训与安全审查外，还必须经当地建设主管部门考核合格，取得建筑施工特种作业人员操作资格证书，方可上岗从事相应作业。施工现场出现特种作业无证操作现象时，施工项目负责人必须承担管理责任。

4）施工项目负责人负责施工生产中物的状态审验与认可，承担物的状态漏验、失控的管理责任和由此而导致的经济损失。

5）一切管理、操作人员均需与施工项目部签订安全协议，向施工项目负责人作出安全保证。

6）安全生产责任落实情况的检查，应认真、详细地记录，作为分清安全责任、完善安全措施的依据之一。

（4）安全管理的具体措施

1）了解作业过程中可能对劳动者身体健康和生产安全产生危害的物品、部位、场所以及危害范围和程度。

2）科学识别危险源，设置明显的警示标志，制定相应安全措施。

3）对易产生职业病的场所，采取防护和卫生保健措施。

4）对电器设备和安全用电制定严格操作规程，设置安全设施。

5）从事电气设备安装，进行电焊、气切割作业的电工、焊工等特种作业人员持证上岗操作。

6）对危险部位和危险作业采取安全防护措施。

7）对易燃易爆有毒有害物品严控强管。

8）对高温、噪声、振动等工作环境，采取隔热、降温、消声、防振等保护性防护措施。

9）禁止封闭、堵塞生产经营场所或者员工宿舍的出口。

10）教育和督促施工人员严格执行本单位的安全生产规章制度和安全操作规程；并向从业人员如实告知作业场所和工作岗位存在的危险因素、防范措施以及事故应急措施。

11）为施工人员提供符合国家标准或者行业标准的劳动防护用品，并监督、教育施工人员按照使用规则佩戴、使用。

12）进行爆破、吊装等危险作业时，应当安排专业人员进行现场安全管理，确保操作规程的遵守和安全措施的落实，并经常监督检查，发现事故隐患，应当及时处理。

（5）安全事故处理的程序

1）安全事故发生后，事故现场有关人员应当立即报告本单位负责人。

2）单位负责人接到事故报告后，应当迅速采取有效措施，组织抢救，防止事故扩大，减少人员伤亡和财产损失，并按照国家有关规定向事故发生地县级以上人民政府安全生产监督管理部门和负有安全生产监督管理职责的有关部门报告，不得隐瞒不报、谎报或者拖延不报，不得故意破坏事故现场、毁灭有关证据。

3）负有安全生产监督管理职责的部门接到事故报告后，应当立即按照国家有关规定上报事故情况。

4）地方人民政府和负有安全生产监督管理职责的部门的负责人接到重大生产安全事故报告后，应当立即赶到事故现场，组织事故抢救和处理。

5）任何单位和个人都应当支持、配合事故抢救，并提供一切便利条件。

6）事故调查处理应当按照实事求是、尊重科学的原则，及时、准确地查清事故原因，查明事故性质和责任，总结事故教训，提出整改措施，并对事故责任者提出处理意见。

7）经调查确定为责任事故的，除了应当查明事故单位的责任并依法予以追究外，还应当查明对安全生产的有关事项负有审查批准和监督职责的行政部门的责任，对有失职、渎职行为的，依法追究法律责任。

8）事故资料整理，内容包括：

①职工伤亡事故登记表；

②职工重伤、死亡事故调查报告书、现场勘察资料记录、图纸、照片等；

③技术鉴定和试验报告；

④物证、人证调查材料；

⑤医疗部门对伤亡者的诊断书影印件；

⑥事故调查组的调查报告；

⑦企业或主管部门对其事故所作的结案申请报告；

⑧受处理人员的检查材料；

⑨有关部门对事故的结案批复等。

（6）安全管理教育与训练

进行安全教育与训练，能使人掌握安全生产知识，增强人的安全生产意识，有效地防止人的不安全行为，减少人的失误。安全教育、训练是对人的行为控制的重要方法和手段。因此，进行安全教育、训练要适时、宜人，内容合理，方式多样，形成制度。组织安全教育、训练要做到严肃、严格、严密、严谨、讲求实效。

1）施工管理和操作人员应具有的基本条件与素质

①具有合法的劳动手续，与用人单位正式签订劳动合同，接受入场教育后，方可进入

施工现场和劳动岗位。

②没有痴呆、健忘、精神失常、癫痫、脑外伤后遗症、心血管疾病、晕眩以及其他不适于从事施工现场操作的疾病。

③没有感官缺陷，感性良好，有良好的接受、处理、反馈信息的能力。

④具有适于所从事的施工操作必需的文化水平。

⑤具有基本的安全操作素质，经过正规训练、考核。

2）安全教育、训练的目的与方式

安全教育、训练包括知识、技能、意识三个阶段的教育。进行安全教育、训练，不仅要使操作者掌握安全生产知识，而且能正确、认真、自觉地进行安全作业。

安全知识教育——使操作者认识、掌握生产操作过程中的潜在危险因素及防范措施。

安全技能训练——使操作者掌握安全生产技能，练就完善化、自动化的行为方式，减少操作失误。

安全意识教育——目的在于强化操作者的安全意识，使安全操作成为自觉的行为。

3）安全教育的内容

①新工人入场前应完成三级安全教育。对学徒工、实习生的入场三级安全教育，应侧重于一般安全知识、施工现场生产环境、施工生产的特点和安全生产纪律等。对季节工、农民工三级安全教育，以生产组织原则、环境、纪律、操作标准为主。两个月内不能熟练安全技能的，应及时解除劳动合同，废止劳动资格。

②随着施工生产条件的变化，适时进行安全知识教育。一般每10天组织一次较合适。

③结合施工内容组织安全技能训练，干什么训练什么，反复训练、分步验收。

④安全意识教育应随安全生产的形势变化，确定阶段教育内容。可结合发生的事故，进行增强安全意识的教育，坚定掌握安全知识与技能的信心，接受事故的教训。

⑤季节、自然环境变化时，针对由于这种变化而出现的生产环境、作业条件变化进行教育。其目的在于增强安全意识，控制人的行为，尽快地适应变化，减少人的失误。

⑥采用新技术、使用新设备、新材料，推行新工艺之前，应对有关人员进行安全知识、技能、意识的全面安全教育，提高操作者安全生产的技能和自觉性。

（7）安全检查

安全检查是发现不安全行为和不安全状态的重要途径，是消除事故隐患，落实整改措施，防止事故伤害，改善劳动条件的重要方法。

安全检查的形式有普遍检查、专业检查和季节性检查。

1）安全检查的内容

安全检查的内容主要是查思想、查管理、查制度、查现场、查隐患、查事故处理。

①施工项目的安全检查以自检形式为主，是对从项目经理至操作工人、生产全部过程、各个方位的全面安全状况的检查。检查的重点以劳动条件、生产设备、现场管理、安全卫生设施以及生产人员的行为为主。发现危及人的安全隐患时，必须果断消除。

②各级生产组织者，应在全面安全检查中，透过作业环境存在的问题和隐患，对照安全生产方针、政策，检查对安全生产认识的差距。

③对安全管理的检查，主要内容是：

a. 安全生产是否列入日常工作日程，各级安全责任人是否坚持"五同时"？（"五同时"：在计划、布置、检查、总结、评比生产的时候. 同时计划、布置、检查、总结、评比安全工作。）

b. 各业务职能部门和人员，是否在各自业务范围内，落实了安全生产责任；专职安全人员是否在位、在岗？

c. 安全教育是否落实，教育是否到位？

d. 工程技术、安全技术是否结合为统一体？

e. 作业标准化实施情况。

f. 安全控制措施是否有力，控制是否到位，有哪些消除管理差距的措施？

g. 事故处理是否符合规则，是否坚持"三不放过"的原则？（"三不放过"：对于发生的伤亡事故和职业病，找不到原因不放过；本人和群众不受到教育不放过；没有制定出防范措施不放过。）

2）安全检查的组织

① 建立安全检查制度，明确检查的规格、时间、原则、内容和奖罚措施等。

② 成立由第一责任人为首，业务部门、人员参加的安全检查组织。

③ 安全检查必须做到有计划、有目的、有准备、有整改、有总结、有处理。

3）安全检查的准备

① 思想准备。发动全员开展自检，形成自检自改、边检边改的局面。使全员在发现危险因素中得到提高，在分析危险因素中受到教育，从消除安全隐患中受到锻炼。

② 业务准备：

a. 确定安全检查的目的，步骤、方法。

b. 成立检查组，安排检查日程。

c. 分析事故历史资料，确定检查重点，把精力侧重于事故多发部位和工种的检查。

d. 规范检查记录用表，使安全检查逐步纳入科学化、规范化轨道。

4）安全检查方法

常用的有一般检查方法和安全检查表法。

一般检查方法——常采用看、听、嗅、问、测、验、析等方法：

① 看：看现场环境和作业条件，看实物和实际操作，看记录和资料等。

② 听：听汇报、听介绍、听反映、听意见或批评、听机械设备的运转响声或承重物发出的异常声音等。

③ 嗅：对挥发物、腐蚀物、有毒气体进行辨别。

④ 问：发现安全问题，详细询问相关人员，寻根究底。

⑤ 查：查明问题，查对数据，查清原因，追查责任。

⑥ 测：测量，测试，监测。

⑦ 验：进行必要的试验或化验。

⑧ 析：分析安全的隐患、事故的原因。

安全检查表法——通过事先拟定的安全检查明细表或清单，记录原始的数据和事实，对安全生产状况进行初步的诊断和分析。

（8）生产技术与安全技术的统一

生产技术工作是通过完善生产工艺过程、完备生产设备、规范工艺操作，发挥技术的作用，保证生产顺利进行，涵盖了安全技术在保证生产顺利进行方面的全部职能和作用。两者的目标虽各有侧重，但工作目的完全一致。生产技术与安全技术统一，体现了安全生产责任制的落实，体现了"管生产同时管安全"的管理原则。具体做法是：

1）施工生产进行之前，考虑建筑产品的特点、规模和生产环境、自然条件等，摸清生产人员流动规律，资源供给状况，机械设备的配置，临时设施规模，以及物料供应、储放、运输等条件，从各个方面综合考虑安全保证措施，完成施工组织设计；施工组织设计经过审查、批准之后，就成为施工现场中生产组织与安全控制的依据。

2）施工项目中的分部、分项工程，在施工进行之前，针对工程具体情况与施工技术要求，编制施工作业方案或操作指导书。这是分部、分项工程实施的操作规范。为使操作人员充分理解方案或指导书的全部内容，要向作业人员进行充分的交底。这个交底过程既是安全知识教育的过程，又是减少实际操作中的失误，避免操作时的事故伤害的具体措施。

3）从控制人的不安全行为、物的不安全状态，预防伤害事故，保证生产工艺过程顺利实施的角度去认识，应在生产技术工作中纳入如下的安全管理职责：

①在生产技术管理工作中进行安全知识、安全技能的教育，规范人的行为，使操作者获得完善的、自动化的操作行为，减少操作中人的失误。

②技术管理人员参加安全检查和事故调查，从中充分了解施工过程中，物的不安全状态存在的环节和部位、发生与发展情况、危害的性质与程度，研究控制物的不安全状态的规律和方法，提高对物的不安全状态的控制能力。

③从技术管理的角度，严把设备、设施用前验收关，不使有危险状态的设备、设施盲目投入运行，预防人、机运动轨迹交叉而发生的伤害事故。

2.6.2 施工安全管理案例

【案例 14】

（1）背景

某建设公司总承包建设某钢铁公司 1400 冷轧带钢工程。

（2）问题

该工程总承包项目部应如何制定施工安全保证措施？

（3）分析

根据项目内容和工程特点制定施工安全保证措施如下：

1. 安全管理目标

杜绝重大事故

死亡事故为零

重伤事故为零

月均负伤率低于 0.2‰

2. 安全保证组织措施

2.1 安全保证管理体系

安全保证体系见图 2-7。

2.2 安全施工生产责任制

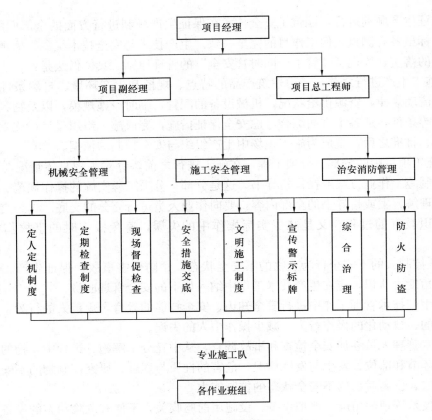

图 2-7　安全保证体系

牢固树立"安全第一、预防为主"的思想，坚持管施工必须管安全的原则，确保一方平安。

（1）项目经理为安全施工第一责任人，负责安全施工的全面领导，项目副经理为安全施工的具体责任人，负责现场施工的全面指挥和协调；项目总工程师负责制定切实可行的安全技术措施。

（2）项目部设立安全管理组，负责施工现场的安全检查、监督、控制并填写安全记录。

（3）作业层设专职或兼职安全员，负责日常安全工作具体落实和安全隐患整改，操作工人在各自的岗位上牢固树立"我要安全"意识，执行安全操作规程，不违章作业。

（4）开工前主任工程师或工号技术员要做好安全技术交底，在施工过程中做好分部、分项安全技术交底，作业层每班上班前做好当天任务的有针对性的安全交底。

（5）现场安全工作要做到一级抓一级，一级保一级，横向到边，纵向到底。

3. 安全保证技术措施

3.1　安全管理制度

（1）项目部要结合本工程施工特点和现场条件，制定安全管理规章制度并责任到人，落实到实处，做到科学管理，安全施工。

（2）遵守国家、宝冶和业主的有关安全生产标准、规程和管理规定。

（3）特种作业人员必须持证上岗，无证不准上岗。

（4）项目部对参战职工要结合工程特点逐级进行安全教育。

（5）设备、专用机具的操作人员必须熟练掌握其操作规程，禁止违章作业。

（6）坚持安全交底和安全例会制度，工程开工以前必须进行安全交底，组织一次联合安全大检查，检查合格无隐患后方可开工，并详细做好安全记录。

（7）项目部除日常安全检查外，还要组织定期安全大检查，在检查中发现隐患和不安全因素要立即进行整改。对于危及人身、设施安全可能造成事故的紧急情况，安全监督者有权责令停工，确认排险后，方可重新开工。

（8）作业层的外协队伍必须按规定签订安全协议，并严格执行协议中的各项规定。

3.2 安全管理要点

（1）施工现场要保持整洁干净，道路畅通平坦，施工危险区域设置明显安全警戒标志。运输车辆（含叉车）按规定路线行驶。

（2）进入施工现场人员必须戴好安全帽，系好帽扣，工作时正确使用安全防护用品，2m以上高空作业要戴安全带。

（3）各种专用设施（如卷扬塔、保护棚等）、设备在使用前要经过技术、安全人员共同确认，方可使用。

（4）临时走道、梯子必须安全牢固，并有充足照明。

（5）上下交叉作业要有足够的安全设施和措施。

（6）脚手架必须设有扫地杆、斜拉杆，竖杆对接必须在同一垂直线上，脚手架上必须搭设满铺跳板。不得存在探头板。脚手架在翻跳时上下必须统一协调，互相提醒、保护。

（7）气、电焊作业，严格按照操作规程进行，雨天禁止露天焊接。并配有足够的消防器材和规定办理动火证。

（8）患有心脏病、高血压、癫痫病等人不得从事高空作业；雨天、大雾及六级以上大风不得从事室外高空作业。

（9）所用施工机械在投入使用之前必须进行空运转及负荷试运转，确认无误后方可投入使用。

（10）检查和修理机械或电器设备时，必须拉开启动装置或电源开关，并挂牌以示提醒。

（11）凡接触有腐蚀性或有毒物质作业人员必须穿戴好劳保用品，并做好自我保护。采取安全可靠的防范措施或定时换人作业。做好现场通风工作。

（12）进入现场施工人员牢记三不伤害原则，即：我不伤害他人，我不被他人伤害，我不伤害自己。

3.3 施工现场临时用电的安全管理措施

（1）本工程现场临时用电采用中性点直接接地的380/220V三相五线制的低压电力系统。

（2）临时用电的安装、拆除、维修必须由电工严格按技术操作规程完成。

（3）施工现场所有电气盘箱及机具设备等均需可靠接地或接零保护。

（4）所有配电箱内布线整齐，实行"一机一闸一保险"制，严禁一闸多机，开关箱须装设漏电保护器，配电箱内多路配电要标识清楚。

（5）各级配电装置的容量应与实际相匹配，其结构形式，盘面布置和系统接线要规范化。

（6）现场施工临时用电的电源线应架空敷设，并且远离附近热力管道，电缆接头应牢固可靠，并做绝缘包扎。

（7）现场施工临时照明宜采用高光效、长寿命的照明光源，地下电缆隧道应保证足够的照明光度，照明设专用回路并设漏电保护。

3.4 高空作业防护措施

（1）高处作业必须挂安全带。

（2）所有从事高处作业人员必须进行安全技术教育及交底，落实所有安全技术措施和人身防护用品。

（3）临边、洞口作业应加防护栏杆或其他可靠措施。

（4）攀登作业的用具，结构构造上必须牢固可靠，使用梯子作业时，梯脚底部应坚实，不得垫高使用。上端应有固定措施，立梯工作角度以 $75°±5°$ 为宜。

（5）悬空作业应有牢固的立足处，并视具体情况，配置防护栏网、栏杆或其他安全设施。

（6）悬空作业所有的索具、脚手板、吊篮、吊笼等设备，均需经过技术鉴定后方可使用，使用吊篮作业时应加两道保险绳。

（7）各工种进行上下立体交叉作业时，不得在同一垂直方向上操作，下层作业的位置，必须处于其上层高度确定的可能坠落范围半径以外，不符合时应设置安全防护层，脚手架拆除时，下方不得有人。

3.5 大型设备及盘箱吊装就位的安全措施

（1）大型设备及盘箱吊装作业必须编制施工方案及专项安全技术措施。

（2）作业前严格做好施工准备工作，包括场地平通，人员组织，吊车及其他相应运输工具的检查等。

（3）吊装作业要设现场施工负责人、起重指挥人、监护人员并设置现场警戒区域。

（4）严格执行"十不吊"作业规程。

（5）配电盘、柜等稳装作业时，应预防重心偏移，相应采取防倾倒措施。

（6）利用机械牵引设备时，牵引着力点应在设备重心偏下，牵引索与地面夹角不得超过15度。

（7）配电盘（柜、箱）等利用滚杠人工运送，就位时，操作人员动作应统一指挥，协调，行走中不得用手扶摸滚杠，利用液压小车运送设备，应保持设备重心稳定。

3.6 调整试车的安全措施

（1）严格做好试车前的准备工作，包括设置试车区域，清理障碍物，检查电气、介质、机械各种保护装置，保持通讯联络系统畅通，编制试车安全措施方案，做好安全技术交底。

（2）运行中应注意各电气设备，电流（电压）转速温度、声音和能源介质是否正常。

（3）启动后要准备好随时紧急停车。

（4）试车中如发生事故和突然停车，应查找原因并处理后报告指挥人同意才能启动。

（5）停车后必须将控制开关回零，并断开电源开关。

（6）所有电气试车人员必须听从指挥人员的开停车命令，不允许任意开停车。

（7）联动试车时，电气人员听从机械方的指挥。

（8）试车过程中所有试车人员必须集中精力坚守岗位，监测运行情况，不许闲谈或做与试车无关的以外事情。

【案例15】

（1）背景

某冶炼工程在结构吊装过程中，起重臂断坠，造成一人死亡，四人重伤。事故发生后，项目经理立即组织抢救伤员，清理现场，并召开座谈会调查事故原因。调查结果是操作人员违反操作规程，超限重吊装，致使起重臂受力过大而折断，有关责任人已经明确。该项目部在两天后写出调查报告，上报公司等待处理。

（2）问题

①该项目经理处理事故的程序与方法是否正确？如不正确，有哪些问题？正确的处理程序应是怎么样的？

②分析该项目部应吸取什么教训？

（3）分析

①该事故处理程序不正确。第一，事故发生后应在立即报告公司负责人；第二，不应清理现场，应对现场进行保护；第三，不应由项目经理处理事故；第四，应上报主管部门，由主管部门会同有关方面组成事故调查组，分析事故原因，提出处理意见，写出调查报告。

正确的处理程序一般为：第一，迅速抢救伤员，保护好事故现场；第二，由主管部门组织调查组；第三，现场勘察；第四，分析事故原因，明确责任者；第五，制定预防措施；第六，提出处理意见，写出调查报告；第七，事故的审定与结案；第八，员工伤亡事故登记记录。

②主要应该吸取的教训有：第一，应切实做好安全技术交底，在正式作业前不但要有口头说明，而且应该有文字材料，并履行签字手续，施工负责人、生产班组、现场安全员三方各留一份。安全技术交底工作是施工负责人向施工作业人员进行责任落实的法律要求，应按分部、分项工程和针对具体的作业条件进行安全技术交底。内容包括按施工方案要求并在其基础上对施工方案进行细化和补充；对具体操作者讲明安全注意事项，保证操作者的人身安全。第二，企业应建立安全管理体系，并加强安全教育与培训，组织项目经理学习相关法律法规。

【案例16】

（1）背景

炉顶料钟是高炉的关键设备，料钟衬板又是保护料钟的重要部件。料钟衬板表面频繁地受到物料冲击，磨损较快，需要定期更换；而更换衬板是在炉缸内进行，作业环境差，温度高，煤气、粉尘等有害物质多，工作量大，工期又非常紧，搞好更换作业的安全保障工作显得尤为重要。

（2）问题

①如何从制度上保障料钟衬板更换作业的安全？

②针对更换料钟衬板作业环境的不利因素应采取什么防范措施？

③如何保护特种作业人员的安全和健康？

（3）分析

1）针对更换料钟衬板是周期性的特种施工项目的特点，施工前要编制专项安全技术方案和安全操作规程，制定专项安全守则，对所有施工人员进行专项技术培训和安全技术交底，并有书面记录，每个参与施工的人员都要签字确认。同时要在多次重复的施工作业中，不断对所有方案、措施的安全可靠性进行检验，发现隐患和缺陷，不断加以补充完善，使之成为经得起考验的安全保障制度。

2）针对更换料钟衬板作业环境中的高温、煤气、粉尘等有害因素采取下列防范措施：

①考虑衬板更换的周期，积极与生产、设备管理部门协商沟通，更换工作尽量避开夏天高温季节，最好安排在冬、春季节进行；

②更换前与设备管理部门协商，减少高炉下部检修项目，目的是防止煤气抽升；同时要与设备管理部门协商，停炉前尽量多压料，防止炉顶温度上升过快；

③针对煤气、粉尘多的特点，在作业区尽量多设进风、排风设备，加强进风、排风；

④加强施工过程监督防范，悬挂温度计，随时观察施工区域温度变化；温度过高时及时对作业人员进行轮换或暂停作业；加强煤气监测，按规定做好记录；炉顶四周设置爬梯，以便发生意外时施工人员及时撤离现场；

⑤为防止煤气监测设备失灵和发生其他意外，在炉缸内作业区域附近放置鸽子，派专人监护；防止煤气中毒和高温中暑。

3）定期对从事特种作业的人员进行身体检查，对不适应从事高温作业的人员要及时更换，加强劳动保护用品配置，搞好防暑降温，定期对特种监测设备进行强制性检测，以确保施工安全，保护人员身体健康。

2.7 施 工 现 场 管 理

2.7.1 施工现场管理概要

施工项目的现场管理是项目管理的一个重要部分。良好的现场管理使场容美观整洁，道路畅通，设备设置得当，材料堆放有序，施工有条不紊，安全、消防、保安均能得到有效的保障，并且使得与项目有关的相关方都能达到满意。相反，差劣的现场管理会影响施工进度，并且是发生安全、质量事故的隐患。

（1）施工项目现场管理组织

施工项目现场管理的组织体系根据项目管理情况有所不同。一般来说，发包人会将现场管理工作委托给总承包单位，主要由总承包单位负责施工现场管理。确定现场管理的主管单位的是现场管理的基础，应在合同中予以明确。

现场管理除了在现场的单位外，当地政府的有关部门如市容管理、消防、公安等部门、现场周围的公众、居民委员会以及总包、施工单位的上级领导部门也会对现场管理工作施加影响。因此现场管理工作的负责人应把现场管理列入经常性的巡视检查内容，并与日常管理有机结合，积极、主动、认真地听取有关当局、近邻单位、社会公众和其他相关方的意见和反映，及时抓好整改，取得他们的支持。

总承包单位施工项目负责人应组织各参建单位，成立现场管理组织。现场管理组织的任务是：

1）贯彻政府的有关法令，向参建单位宣传现场管理的重要意义，提出现场管理的个性要求。

2）进行现场管理区域的划分；组织定期和不定期的检查，发现问题，要求提出改正措施，限期改正，并作改正后的复查。

3）进行项目内部和外部的沟通。包括和当地有关部门和其他相关方的沟通，听取他们的意见和要求。

4）协调施工中有关现场管理的事项。

5）根据有关协议和制度，有表扬、批评、培训、教育和处罚的权利和职责。

6）有审批动用明火、停水、停电、占用现场内公共区域和道路的权利。

小型项目的现场管理可由兼职人员担任，大型项目应有专人管理。

（2）现场管理的内容

建设工程所指的现场是指用于进行该项目的施工活动，经有关部门批准占用的场地。这些场地可用于生产、生活或两者兼有的目的，当该项工程施工结束后，这些场地将不再使用。施工现场包括红线以内或红线以外的用地，但不包括施工单位自有的场地或生产基地。

施工建筑物所在的施工场地称为主现场。对主现场的要求与对其他现场的要求不同。施工项目现场管理是对施工项目现场内的活动及空间所进行的管理。

1）施工项目场容管理

场容是指施工现场、特别是主现场的现场面貌，包括入口、围护、场内道路、堆场的整齐清洁，也应包括办公室内环境甚至包括现场人员的行为。

场容管理的基本要求是：

① 场容管理的基本要求是创造清洁整齐的施工环境，达到保证施工的顺利进行和防止事故发生的目的。施工周期较长的项目应在可能条件下对现场环境进行绿化，改善现场施工环境。

② 合理规划施工用地，分阶段进行施工总平面设计。

③ 通过场容管理与其他工作的结合，共同对现场进行管理。例如，防止高空坠落物体对人身的伤害是安全管理的一项重要工作，也应当是场容管理的重要内容，两者应结合起来考虑。又如，结合料具管理建立现场料具器具管理标准，特别是对于易燃、有害物体，如汽油、电石等的管理，是场容管理和消防管理结合的重点。

④ 场容管理应当贯穿到施工结束后的清场。施工结束后应将地面上施工遗留的建设物资和建筑垃圾清理干净。现场不作清理的地下管道，除业主要求外应一律切断供应源头；凡业主要求保留的地下管道应绘成平面图，交付业主，并作交接记录。

场容管理的具体做法有：

现场的入口应设置大门，并标明消防入口。有横梁的大门高度应考虑起重机械的运入。也可设置成无横梁或横梁可取下的大门。入口大门以设立电动折叠门为宜，在大门上设置企业的标志。也可以设计标准的施工现场大门作为企业的统一标志。

主现场入口处应有以下标牌：

a. 工程概况牌（写明工程名称，工程规模、性质，用途，结构形式，开工及竣工日期，发包人，设计人、承包人和监理单位的名称，施工起止年月等）。

b. 安全纪律牌（安全警示标志，安全生产及消防保卫制度）。

c. 防火须知牌。

d. 安全生产无重大事故牌。

e. 文明施工牌。

f. 施工总平面图。

g. 项目经理部组织架构及主要管理人员名单图（写明施工负责人、技术负责人、质量负责人、安全负责人、器材负责人等）。

2）施工平面图设计

施工平面图可根据项目的规模分为施工总平面图和单位工程施工平面图。

施工总平面图是现场管理、实现文明施工的依据。在编制施工总平面图前应当首先进行施工总体部署，确定施工步骤，按施工阶段设计布置平面图。按阶段区分的施工平面图；一般可划分为土方开挖、基础施工、上层建筑施工和装修等阶段的施工平面图等。

施工平面图的内容应包括：

① 建筑现场的红线，可临时占用的地区，场外和场内交通道路，现场主要入口和次要入口，现场临时供水供电的接口位置。

② 测量放线的标桩、现场地面大致标高。地形复杂的大型现场应有地形等高线，以及现场临时平整的标高设计。需要取土或弃土的项目应有取、弃土地区位置。

③ 现场已建并在施工期内保留的建筑物、地上或地下的管理和线路；拟建的地上建筑物、构筑物。如做管网时应标出拟建的永久管网位置。

④ 现场主要施工机械如塔式起重机、施工电梯或垂直运输龙门架的布置。塔式起重机应按最大臂杆长度绘出有效工作范围。移动式塔式起重机应绘出轨道位置。

⑤ 材料、构件和半成品的堆场。

⑥ 生产、生活用的临时设施，包括临时变压器、水泵、搅拌站、办公室、供水供电线路、仓库的位置。现场工作的宿舍应尽量安置在场外，必须安置在场内时应与现场施工区域有分隔措施。

⑦ 消防入口、消防道路和消火栓的位置。

⑧ 平面图比例，采用的图例、方向、风向和主导风向标记等。

施工平面布置要求做到布置紧凑、减少二次搬运，符合环保、市容、卫生的要求，并应考虑减少对邻近地区或居民的影响。

（3）现场管理的基本方法

① 现场标牌由施工单位负责维护。

② 场容管理要划分为现场参与单位的责任区，各自负责所管理的场区。区域的划分应随着施工单位和施工阶段的变化而改变。

③ 现场道路应尽量布置成环形，以便于出入。消防通道的宽度不小于 3.5m。现场道路应尽量利用已有道路，或根据永久道路的位置，修路基作为临时道路以后再做路面。施工道路的布置要尽量避开后期工程或地下管道的位置。防止后期工程和地下管道施工时造成道路的破坏。场内通道以及大门入口处的上空如有障碍应设高度标志，防止超高车辆碰撞。

④ 现场的临时围护，包括周边围护和措施性围护。周边围护是指现场周围的围护，

如市区工地的围护设施高度应不低于1.8m。临街的脚手架也应当设置相应的围护设施。措施性围护应设置隔离棚。

⑤ 施工现场应有排水措施，做到场地不积水、不积泥浆，保证道路干燥坚实。工地地面宜做硬化处理。硬化处理一般是针对钻孔打桩采用泥浆护壁的工程采取的。由于这种工程流出的泥浆不易控制，常常使工地及其周围产生泥浆污染。硬化处理就是在打桩开始前先做好混凝土地面，留出桩孔和泥浆流通沟渠，并将施工机械设置在混凝土地面上工作，使能有效地控制泥浆的污染。

⑥ 现场办公室应保持整洁。办公室墙上应有明显的紧急使用的电话号码告示。包括火警、匪警、急救车、就近的医院、专科医院、派出所等。紧急使用的电话号码应单独张贴，禁止在上面作其他记录。

（4）施工现场环境保护

1）基本要求

建设工程项目负责人应当确定施工活动过程中影响环境的有关因素，并且进行评价，找出重大环境因素，制定或修订环境管理方案，实施、检查和改进。

在确定环境因素时应考虑正常、非正常和潜在的紧急状态。建筑业的特殊性是产品固定，而人员流动。在不同的环境下，产生影响的环境因素也是不相同的。不同的施工工艺会产生不同的后果。如选择现场潜水灌注桩，并采用泥浆护壁，则产生了噪声、泥浆对环境的影响。而选择静压桩工艺则对环境影响较小。因此，对建筑业的环境因素分析必须针对项目的具体情况进行。

环境影响的识别和评价应考虑以下因素：

① 对大气的污染；

② 对水的污染；

③ 对土壤的污染；

④ 废弃物处理；

⑤ 噪声影响；

⑥ 资源和能源的浪费；

⑦ 局部地区性环境问题，例如一般情况下振动、无线电波可不视作环境影响，而在特殊条件下，这些因素可成为环境影响。

对以上因素的评价应从法规规定、发生的可能性、影响结果的严重性，是否可获得预报以及目前的管理状况等方面进行。评价结果应确定重大环境因素，并制定运行控制以及应急准备和响应的措施。

2）建筑施工的污染种类和防止措施

①大气污染：在项目施工过程中应尽量避免采用会产生有毒、有害气体的建筑材料。特殊需要时，必须设有符合规定的装置，不得在施工现场熔融沥青或者焚烧油毡、油漆以及其他会产生有毒、有害烟尘和恶臭气体的物质。对于柴油打桩机锤要采取防护措施，控制所喷出油污的影响范围。

②防治建筑材料引起的空气污染也是环境保护的内容之一。这种污染主要有氨、甲醛、VOC（苯及同系物）、氡及石材本身的放射性。其中氨最为严重。氨是由于冬季施工加入了含有尿素的防冻液，这种防冻液能挥发出氨气而产生的。铺设不合格的复合地板会

造成空气中甲醛超标。2001年9月卫生部颁发的《室内空气质量卫生规范》对于空气质量有了更明确的要求，其中规定室内环境的检测标准为甲醛≤0.08mg/m³，氨≤0.2mg/m³，苯≤0.09mg/m³。

③水污染：对建筑施工中产生的泥浆应采用泥浆处理技术，减少泥浆的数量，并妥善处理泥浆水和生产污水。水泵排水抽出的水也要经过沉淀。洗车区应设沉淀池，再与下水接通。食堂下水应经排油池处理方可排出。未经处理的含油、泥的污水不得直接排入城市排水设施和河流。

④土壤污染：在城市施工如有泥土场地易污染现场外道路时，可设立冲水区，用冲水机冲洗汽车轮胎，防止污染。修理机械时产生的液压油、机油、清洗油料等不得随地泼倒，应集中到废油桶，统一处理。禁止将有毒、有害的废弃物用作土方回填。

⑤噪声污染：噪声是施工现场与周围居民最容易产生争执的问题。我国已制定对于城市建筑施工场地适用的国家标准《建筑施工场界环境噪声排放标准》（GB 12523—2011）。标准中规定的噪声限值见表2-1。

等效声级 _ Leg［dB（A）］　　　　　　　　　　　　　表2-1

施工阶段	主要噪声源	噪声限值		施工阶段	主要噪声源	噪声限值	
		昼夜	夜间			昼夜	夜间
土石方	推土机、挖掘机、装载机等	75	55	结构	混凝土搅拌面、振捣棒、电锯等	70	55
打桩	各种打桩机等	85	禁止施工	装修	吊车、升降机等	65	55

由于该噪声限值是指与敏感区域相对应的建筑施工场地边界线处的限值。

3）防止环境污染的方法

① 防止噪声影响的方法一是正确选用噪声小的施工工艺，如采用免振捣混凝土，可减少噪声的强度，二是对产生噪声的施工机械采取控制措施。包括打桩锤的锤击声以其他以柴油机为动力的建筑机械、空压机、振动器等。如可能条件下将电锯、柴油发电机等尽量设置在离居民区较远的地点，降低扰民噪声。夜间施工应减少指挥哨声、大声喊叫。要教育职工减少噪声，注意语言文明。

② 施工中需要进行爆破作业的，必须经上级主管部门审查同意，并持说明使用爆破器材的地点、品名、数量、用途、四邻距离的文件和安全操作规程，向所在地县、市公安局申请"爆破物品使用许可证"方可进行作业。

③ 光污染：现场晚间施工照明应尽量不照向居民区，限制使用探照灯，电焊作业应设遮光装置。

④ 垃圾污染：建筑垃圾应有指定堆放地点，并随时进行清理。高空废弃物可使用密封式的圆筒作为传送管道或者采取其他措施处理。运输建筑材料、垃圾和工程渣土的车辆应采取有效措施，防止尘土飞扬、洒落或流溢。要采取有效措施控制施工过程中的扬尘。提倡采用商品混凝土。

⑤ 妥善解决施工现场厕所对环境的影响。在考虑临时厕所设施时，应按现场人员数量考虑厕所的设置。厕所要求封闭严密，通风良好，定期清除粪便。在高炉或其他高大建筑物、构筑物上施工应考虑设立箱式厕所，可通过吸管进行粪便的清除。现场随地大小便

问题只有在解决了相关设施后方能彻底解决。

⑥ 防止资源浪费。资源浪费也是环境保护的一个要点。除去现场的水电浪费外，还应当着眼于防止生产过程中的浪费。如工程的质量返工、由于控制不当而造成抹灰过厚等现象，都在应改进的范围之内。对于原有的绿化也应视作资源进行保护，应尽量保护现场原有的树木。

⑦ 建设工程施工由于受技术、经济条件限制，对环境的污染不能控制在规定范围内的，建设单位应当事先报请当地人民政府主管部门和环境保护行政主管部门批准。

⑧ 污染是一种风险，可根据风险危害的程度和频率采取风险消灭、回避、分担、转移等措施。对于可能发生的污染事故，应事先制订应急措施计划。建筑施工单位应当在与发包人签订合同时，就风险以及保险范围的划分作出安排。《建筑工程施工合同（示范文本）》规定由发包方办理建设工程保险和第三方人员生命财产保险，对于具体条款和范围应进行商榷。按照国际惯例发包人和总包人签订合同，或总包人与分包人签订合同时，发包人均应将所投的保险的复印件作为合同附件交付承包人。承包人如发现保险范围尚不够完善时则需另行投保。

（5）施工现场的消防与保安

消防与保安是现场管理最具风险性的工作，一旦发生事故，后果十分严重。因此，落实责任是首要的问题。凡有总分包单位的工程，总包应负责全面管理，并与分包签订消防保卫的责任协议，明确双方的职责。分包单位必须接受总包单位的统一领导和监督检查。

1）消防管理

① 现场管理应当严格按照《中华人民共和国消防法》的规定，在施工现场应建立和执行消防管理制度。现场必须安排消防车出入口和消防道路、紧急疏散通道等，并应有明显标志或指示牌。有高度限制的地点应有限高标志。

② 设置符合要求的消防设施，并保持其良好的备用状态。在容易发生火灾的地区施工，或储存、使用易燃、易爆器材时，施工单位应采取特殊的消防安全措施。

③ 根据大量资料的分析，火警发生的概率与风速、相对湿度、季节等有关。一般来说，火警概率以冬季为最高，春季次之，夏季最少。从每日变化来分析，冬季的火警高峰为 18～20 时，春季为 14～16 时，夏、秋季无明显的峰值时间。

④ 在城市中施工，还应注意在并排的高层建筑中由于狭管效应而造成的风速加大，称为高楼强风。高楼强风约为地面风速的 1.5～2 倍。高楼强风会助长火势的蔓延扩大，增加灭火难度，是防火不容忽视的不利因素。

⑤ 施工现场消防管理还应注意现场的主导风向。特别在城市中受到建筑物的影响各个地区风向有明显的区别。在安排疏散通道时以安排在上风口为宜。

⑥ 建筑施工所造成的火灾因素包括明火作业、吸烟、不按规定使用电热器具等因素。施工现场严禁吸烟，必要时可设吸烟室。进行电焊作业时应注意电焊火星可能落入木脚手板缝中，逐渐蔓延，其起火延时很长，往往不易发现。因此，在电焊工作时要在其下面设有专人熄灭火星。为降低火灾时可能造成的危险，现场围护所采用的彩条布，在火灾中易燃并大量发烟，会造成极大的危害，因此现场应采用密网作为围护。

⑦ 室外消防道路的宽度不得少于 3.5m。若因场地限制消防车道不能环行的，应在适当地点修建车辆回转场地。施工现场进水干管直径不应小于 100mm。现场消火栓的位置

应在施工总平面图中作规划。消火栓处昼夜要设有明显标志，配备足够的水龙带，其周围3m内，不准存放任何物品。高度超过24m的工程应设置消防竖管，管径不得小于65mm，并随楼层的升高每隔一层设一处消火栓口，配备水龙带。消防竖管位置应在施工组织设计中确定。

⑧要加强消防教育，特别是对不同工作地点的人员进行一旦火灾发生后逃生路线的教育。某市粮库筒仓施工时电焊火花引起地面着火，发生火情后，向屋顶逃生的人员全部获救，而向下逆火势逃生的人员因窒息而全部死亡，造成多人死亡事故。施工现场必须设有保证施工安全要求的夜间及施工必需的照明。高层建筑应设置楼梯照明和应急照明。

⑨在ISO 9000质量管理体系中消防属于特殊过程。施工现场应制订火灾应急预案。

2）保安管理

保安管理的目的是做好施工现场安全保卫工作，采取必要的防盗措施，防止无关人员进入和防止不良行为。现场应设立门卫，根据需要设置流动警卫。非施工人员不得擅自进入施工现场。由于施工现场人员众多，入口处设置进场登记的方法很难达到控制无关人员进入的目的。因此，提倡采用施工现场工作人员佩戴证明其身份的证卡，并以不同的证卡标志区别各种人员。有条件时可采用进退场人员磁卡管理。在磁卡上记有所属单位、姓名、工作期限等信息。人员进退场时必须通过入口处划卡。这种方式除了防止无关人员进场外，还可起到随时统计在场人员的作用。

保安工作应从施工进驻现场开始直至撤离现场应贯彻始终。其中施工进入装修阶段时，现场工作单位多，人员多，使用材料易燃性强，保安管理担负着防火、保安和半成品保护等三样重任，此时的保安管理尤其责任重大，仅控制入场人员已不能满足要求。目前普遍采用分区设岗卡，并发放不同颜色的胸卡，以区别工作人员的工作区域和允许入场期限的方式。现场人员凭胸卡进入有关区域工作。胸卡应定期更换，防止由于遗失而造成漏洞。

（6）施工现场的卫生防疫

卫生防疫是涉及施工现场人员身体健康和生命安全的大事。要防止传染病和食物中毒事故发生，提高文明施工水平。

1）卫生管理

施工现场不宜设置职工宿舍，必须设置时应尽量与建筑现场分开。现场应准备必要的医务设施。在办公室内显著地点张贴急救车和有关医院电话号码，根据需要制定防暑降温措施，进行消毒、防病工作。

2）防疫管理

防疫管理的重点是食堂管理和现场卫生。

食堂管理应当从组织施工时就进行策划。现场食堂应按照现场就餐人数安排食堂面积、设施以及炊事员和管理人员。食堂卫生必须符合《中华人民共和国食品卫生法》和其他有关卫生管理规定的要求。炊事人员应经定期体格检查合格后方可上岗。炊具应严格消毒，生熟食应分开。原料及半成品应经检验合格，方可采用。

现场食堂不得出售酒精饮料。现场人员在工作时间严禁饮用酒精饮料。要确保现场人员饮水的供应，炎热季节要供应清凉饮料。

2.7.2 施工现场管理案例

【案例 17】

（1）背景

某建设公司总承包建设某地氧化铝工程。

（2）问题

该工程总承包项目部应如何制定施工现场管理和环境保护措施？

（3）分析

根据项目特点和施工现场条件制定施工现场管理和环境保护措施如下：

一、环境保护的内容

本工程中，我们将重点控制对大气污染、对水污染、噪声污染、废弃物管理和自然资源的合理使用等。在制定控制措施时，考虑对环境影响的范围、影响程度、发生频次、社区关注程度、法规符合性、资源消耗、可节约程度等。

序号	重要环境因素	目 标	指 标		
1	施工噪声	确保施工现场场界噪声排放达标	施工内容	场界噪声限值（dB）	
				昼间	夜间
			结构施工	≤70	≤55
			装修施工	≤65	≤55
2	施工现场扬尘	减少施工现场粉尘排放	施工现场道路硬化率100%		
			水泥等易飞扬材料入库率100%		
3	施工污水排放	主要污染物均达标排放	pH	6～9	
			化学耗氧量	500mg/L	
			悬浮物	400mg/L	
			油类	100mg/L	
4	废弃物	垃圾分类管理	分类管理率100%		
		可回收废物及时回收			
5	道路遗撒	杜绝物料灰土遗撒	不发生任何物料遗撒		
6	水电消耗	节约水电，万元施工产值节电5%，节水5%	万元产值用电量，控制在340kWh；万元产值用水量，设搅拌站时，为78m³，不设搅拌站时，为42.5m³		

二、环境保护的措施

1. 防止扬尘污染

（1）主要扬尘源：

土方施工产生的扬尘；

裸露场地产生的扬尘；

易散落、易飞扬的细颗粒散体材料运输、存放引起的扬尘；

建筑垃圾的存放、运输产生的扬尘。

（2）土方施工产生扬尘的控制

土方施工产生的扬尘主要是采取淋水降尘的措施，即对土方的铲、运、卸等环节布置专人进行淋水降尘，以保证相应要求。

为避免运土车发生遗洒，在现场搭设拍土架，将运土车上的土拍实，并盖上苫布。

在出口处设冲洗池和沉淀池，每辆车出去前进行清洗。

所有进出现场的运输车辆，必须车状良好，尾气排放合乎市交通管理部门的规定。

（3）裸露地面产生扬尘控制

现场临时道路，采用混凝土硬化处理；

其他裸露场地进行临时绿化或进行淋水降尘处理。

（4）易散落、易飞扬的细颗粒散体材料引起的扬尘控制

散体材料运输：水泥、白灰等易飞扬物、细颗粒散体材料在运输时要严密遮盖，防止遗洒。严禁超载运输，对意外原因产生的遗撒及时处理。

小颗粒物料临时存放：设置封闭的库房或用围挡、苫布等进行封盖。

（5）建筑垃圾的存放、运输产生的扬尘控制

建筑物周围外设密目安全网封闭，坚持工完场清，及时将施工中产生的废弃物清理至垃圾堆放场。

定期清理外脚手架上的建筑垃圾。

建筑垃圾密闭贮存，施工垃圾清运，采用搭设封闭式临时专用垃圾车运输或采用容器吊运或袋装，严禁随意凌空抛撒，施工垃圾应及时清运，并适量洒水，减少污染。

2. 防止水污染

（1）雨水管理

开工前，项目协助业主与市政管理部门进行联系，得到批准后将现场的雨水管网与市政管网连通。

确保排入市政管网的雨水未被化学品和油品等污染且无固体废弃物。

确保雨水管网与污水管网分开使用，严禁将非雨水类的其他水体排进市政雨水管网。

（2）污水管理

厕所污水控制：厕所设化粪池，污水经化粪池沉淀后进入现场临时污水管网。

施工污水控制：施工现场建立临时污水管网，在最后出口处设置沉淀池，污水经沉淀后直接排入市政污水管网。

洗车污水：现场搅拌机前台、出口处设置污水沉淀池，经沉淀后直接排入市政污水管网。

沉淀池每周清理一次，清理出的泥沙按无毒无害废弃物进行处理。

（3）生活废水管理

食堂严禁将食物加工废料、食物残渣及剩饭剩菜等倒入下水道，使用无磷洗涤剂清洗餐具。食堂设隔油池，每半月清理一次。

现场浴室应控制含磷洗涤品的使用。

生活废水由专用管线引送，经市政管理部门批准后与市政污水管网连接。

（4）污水监测

由于本公司不具备水污染监测的设备和资质，项目部委托环保部门对现场经过处理排放的废水水量、水质进行监测，留存监测报告。

3. 防止施工噪声污染

（1）施工现场的主要噪声源

土方阶段：挖掘机、运输汽车等；

结构阶段：混凝土泵、振捣棒、支模拆模、搭拆钢管脚手架、电锯等；

装修阶段及机电设备安装阶段：拆脚手架、砂轮机打磨、无齿锯切制、电锯等。

（2）土方施工阶段噪声控制

所选用的施工机械必须符合环保标准，操作人员应经过环保教育，有一定相关经验。

所有运输车辆、挖掘机等车况良好，不超负荷运转，不产生超标噪音，严禁鸣喇叭。

加强施工机械的维修保养，尽可能降低噪声排放。

在土方施工前，必须在施工现场周围按要求设置围墙，并将临建设施全部建好。

（3）结构施工阶段噪声控制

结构施工时，随着脚手架搭设，在封闭设置密目安全网，必要时在安全网的内侧设置彩条布等，以减少施工期间的噪声。

混凝土工程噪声控制：采用环保型振捣棒，振捣棒使用完后及时清理干净并保养好；混凝土振捣时，禁止振钢筋或模板，做到快插慢拔，并配备相应人员控制电源线及电源开关，防止振捣棒空转，加强混凝土泵的维修保养，及时监测，对超过噪声限值的混凝土泵进行更换。

产生噪音的机械设备，如混凝土输送泵、无齿锯、电锯等强噪音设备，放置在封闭的工棚内，工棚设围护墙，屋顶设吸声或隔声板。使用电锤开洞、凿眼时，应使用合格的电锤，及时在钻头上注油或水。

模板、脚手架工程噪声控制：模板、脚手架在支设、拆除和搬运时，必须轻拿轻放，上下、左右有人传递，严禁抛掷。修理模板、钢管时，禁止使用大锤敲打，以降低噪声。木工棚进行围挡封闭处理，以降低噪声。使用电锯切割时，应及时在锯片上刷油，且锯片送速不能过快。

（4）装饰装修和机电安装噪声控制

装修阶段尽量做到先封闭周圈，再装修内部，将施工噪声控制在施工场界内。

使用电锤开洞、凿眼时，及时在钻头上注油或水。

材料的现场搬运应轻拿轻放，严禁抛掷，减少人为噪声。

现场加工应在室内进行，严禁用铁锤等敲打方式进行各种管道或加工件的调直工作。

（5）噪声监测

项目设专人负责施工现场场界噪声测量，并填写噪声测量记录。

各阶段施工开始后 3 日内进行一次测量，进入正常阶段后再测量一次。

4. 防止废弃物污染

（1）废弃物种类

	有毒有害	可回收无毒无害	不可回收无毒无害
办公生活类废弃物	废旧电池、打印机墨粉、色带、磁盘、电池、复印机墨盒、日光灯管等	纸类：包括办公学习用纸、复印纸、旧信封信纸、报刊广告纸、包装货物纸、纸壳等 塑料类：包括塑料手袋、包装泡沫、塑料布、塑料包装、塑料办公用品、泡沫快餐盒、保鲜膜等； 瓶罐类：包括各种酒瓶、易拉罐、玻璃瓶、塑料瓶等	生活垃圾，包括纸巾、厕纸等。 沾油的脏纸、厨房垃圾等
施工废弃物	油棉纱、油手套、变质过期的化学稀料及贮存桶、废油漆、油漆桶、聚苯板、聚酯板、涂料等	木材、钢材、空材料贮存桶、废密目网	碎砖头、碎瓦块、碎混凝土块、碎石材、过期散装水泥、石膏板、石材、玻璃等的边角料

（2）办公生活类废弃物处置

由专人每天负责打扫办公区域，并对办公区域和食堂每日产生的垃圾进行清理、收集。有害废弃物必须单独存放，防止再次污染。

可回收无毒无害废弃物（纸类、塑料类、瓶罐类）统一收集，定期送废品回收站；生活垃圾送环卫部门进行处理；有毒有害废弃物送固体废弃物回收中心进行处理或由厂家回收。

每月对垃圾分捡情况和有毒有害废弃物的收集做检查记录。

（3）施工废弃物的处置

现场施工垃圾采用层层清理、集中堆放、统一搬运的方法。各分包单位内部指定专人负责各自区域的施工垃圾的收集、清理工作，并按总包单位的要求将施工垃圾分类运至垃圾储存区域。

垃圾储存区域分为可回收利用区、无毒无害区、有毒有害区，并设立相应的标志牌。

对于可回收垃圾，如钢筋头、废金属，按累积数量定期回收；无毒无害废弃物如碎混凝土块，由专车运至垃圾消纳地点；有毒有害废弃物如废油漆桶等，由厂家回收。

每月对垃圾分捡情况和有毒有害废弃物的收集做检查记录，工程竣工交付使用后，把现场的办公和施工有毒有害废弃物交给具有处理能力的处理机构进行一次性处置。

对有可能造成二次污染的废弃物必须单独贮存、设置安全防范措施且有醒目标识。

对有毒有害和不可回收无毒无害废弃物及时组织清运，运输确保不散撒、不混放，送到政府批准的单位或场所进行处理、消纳。

对可回收的废弃物做到再回收利用。

5.防止易燃易爆品、油品、化学品污染

（1）运输管理

运输、押运、卸货由有经验的单位或人员进行。

运输、装卸易燃易爆品、油品、化学品时，要轻拿轻放，防止撞击、拖拉和倾倒。

碰撞、互相接触容易引起燃烧、爆炸或造成其他危险的物品，以及化学性质或防护、灭火方法互相抵触的物品，不得违反配装限制和混合装运。

遇热、遇潮容易引起燃烧、爆炸或产生有毒气体的物品，在装运时采取隔热、防潮措施。

（2）易燃易爆品、油品、化学品设专门库房存放保管，库房必须符合安全、消防要求，标识明确、显著。

（3）所有进场机械必须保证不出现现场漏油、淌油现象。发现滴油、淌油现象，应及时检修。并在检修过程中，铺好塑料布，以免油渗漏到土壤中。

（4）对大型机械要勤检查、维修。小型机械如空压机、钢筋套丝机等应用钢板做成防止漏油的槽，少量的漏油应流至钢板槽中，避免油料直接污染土地。

（5）紧急情况的处理

根据易燃易爆品、油品、化学品的种类及数量，配备相应数量的防护、救助工具。

在易燃易爆品、油品、化学品的运输、贮存及使用过程中发生意外情况或事故时，按我公司《应急准备和响应程序》的规定执行。

6. 防止其他污染

（1）防止光污染

光污染源：探照灯和电焊弧光。

探照灯采用加设灯罩，防止光照污染；

防止电焊弧光污染，施工现场周围设密目网屏障，以达遮光目的。

（2）减少料具污染

钢材、木材按品种、规格码放，标识清晰。水泥库不漏雨，门窗牢固；水泥按品种、强度等级码放；露天存放时必须上盖下垫，保证先进先用。

钢模板、架管及钢跳板等应及时清理、保养，按品种、规格码放整齐，零配件及时回收并存放指定地点，严禁用于垫道盖沟。

指导各分包单位的物资储存管理，并对保管员做物品存放交底。

（3）防止能源浪费

施工用电总包专业分包均需设计量表。地下、室内照明分区、分段、分部位手控或安装时控继电器，场区照明设光敏继电器，节电、用电系统安装电容器以提高功率因数。

所有机械必须符合产品设计匹配电机，根据加工件选用机械，避免"大马拉小车"。

临时用水上水管接口严密，水龙头严禁跑、冒、滴、漏。

原材使用精打细算，降低耗损，提出合理化建议或用低耗能源材料取代。

由食堂管理员随时检查生活区域的水龙头，以防浪费生活用水。

教育好工人节约用水用电：防止电动工具未作业时空载运转，夜间减少不必要的照明。

7. 防止扰民措施

为了树立我公司良好的形象，尽可能避免施工带来的不便，防止施工过程中发生扰民和民扰事件，针对本工程特制定如下措施：

（1）根据我公司 ISO 14001 环境管理体系程序文件规定的标准，严格按照本工程的环保措施执行，特别注意噪声、废弃物、扬尘等污染的防止。

（2）调整施工噪声分布时间。根据环保噪声标准日夜要求的不同，合理协调安排施工分项的时间，将容易产生噪声污染的分项如混凝土施工尽量安排在白天施工，避免混凝土搅拌和振捣棒扰民。

（3）严格控制作业时间，晚上作业不超过 22 时，早晨作业不早于 6 时。因施工需要场地噪声超过标准限制或因工艺等技术原因需连续施工，必须报建设部门批准，并在环保部门备案。

（4）施工现场的木工棚、钢筋棚等应封闭，加工材料时应轻拿轻放，以有效降低噪声。

（5）在靠近民居部位的外架围护使用多孔吸声棉被封闭，可以起到减噪的作用。

（6）施工现场设围墙，实行封闭式管理，避免施工人员对周边的干扰。

（7）及时填写施工现场噪声测量记录，凡超过标准的，对有关因素进行调整，达到施工噪声不扰民的目的。

（8）施工现场的探照灯应采取措施，使夜间照明只照射现场而不影响周围居民休息。

（9）设于居民区的大门，夜间将进行封闭，以免进出车辆影响居民休息。

（10）如遇特殊情况，应与有关方面方协商，达成一致后执行。并应提前贴出告示，以取得附近居民的谅解和支持。

（11）现场设专人管理扰民和处理民扰问题，并与周边居民保持良好的关系，有利于解决和协调可能出现的问题。

三、施工现场场容管理

1. 场容、场貌管理

（1）施工现场的场容管理，必须实施划区域分块包干，责任区域必须挂牌示意，生活区管理规定挂牌昭示全体。

（2）制定施工现场生活卫生管理、检查、评比考核制度。

（3）现场标化管理必须严格遵守部颁发标准来进行，定期对照考核。

2. 图牌管理

（1）施工现场入口处设置"七牌一图"，即工程概况牌、管理人员名单及监督电话牌、安全十大纪律牌、文明施工牌、安全保卫牌、防火须知牌、卫生须知牌与施工现场平面布置图。

（2）现场必须布置安全生产标语和警示牌，做到无违章。

（3）施工区、办公区应挂标志牌，危险区设置安全警示标志。

（4）可根据指挥部的要求专为指挥部设立广告栏。

（5）在主要施工道路口设置交通指示牌。

3. 临时道路管理

（1）进出车辆门前要派专人负责指挥。

（2）现场施工道路要畅通。

（3）做好排水设施，场地及道路不得积水。

（4）开工前必须做好临时便道，临时施工便道路面必须高于自然地面，道路外侧应设置排水沟。

4. 材料堆场管理

（1）各种设备、材料应尽量远离操作区域，并不准堆放过高，防止倒塌下落伤人。

（2）进场材料严格按场布图指定位置进行规范堆放。

（3）现场材料员必须认真做好材料进场的验收工作（包括数量、质量、质保书），并且做好记录（包括车号、车次、运输单位等）。

（4）水泥仓库必须有管理规定和制度，水泥堆放必须十包一垛，过目成数，挂牌管理。水泥发放必须凭限额领料单，限额发放。仓库管理人员要认真做好水泥收、发、存流水明细账。

（5）材料堆放必须按场布图严格堆放，严禁乱堆、乱放、混放。特别是严禁把材料堆靠在围墙、广告牌后，以防受力造成倒塌等意外事故的发生。

5. 消防保安

（1）工程开工后，与有关部门签订《治安承包责任协议书》，服从在社会治安、综合治理、计划生育、交通管理、环境保护等方面的管理规定。并与劳务层层签订治安责任协议书。

（2）与当地公安分局建立警民共建联络小组，共同做好工程的治安防范措施。建立专门的保卫机构，统一领导治安保卫工作。

（3）大门口设立门卫，严格执行出入制度。所有人员进行现场须佩戴胸卡，非本工程人员进入大门须登记，通过门卫联系，待明确接待人员后才能进入。

（4）工作人员仅限于工程指定区域内活动，非经许可禁止进入与工程无关区域逗留。

（5）工作人员不得在工地内酗酒或酒后进工地工作，不得携带违禁品进入，以维护财产和人员安全。

（6）材料车辆进现场装卸完毕后，应立即驶离现场，停放指定车场。

（7）对施工现场的贵重物资，重要器材和大型设备，要加强管理，严格有关制度，设置防护设施和报警设备，防止物资被盗窃或破坏。

（8）广泛展开法制宣传和"四防"教育，提高广大职工群众保卫工程建设和遵纪守法的自觉性。

（9）经常开展以防火、防爆、防盗为中心的安全检查，堵塞漏洞，发现隐患要及时采取预防措施，防止发生问题。

（10）加强劳务队伍的管理，设专人负责对外包队伍进行法制、规章制度教育，对参加施工的民工要进行审查、登记造册，领取暂住证，发工作证，方可上岗工作。对可疑人员要进行调查了解。

6. 卫生防疫

（1）办公室、厕所等的搭建标准、要求按有关规定执行。

（2）制定"办公室卫生管理制度"，使施工现场做到整洁、卫生。

（3）办公室通风、明亮，设有洗设施，由专人负责管理。

（4）现场外生活区和施工现场设有男、女厕所、浴室，厕所为蹲位，水冲式。

（5）污水排入化粪池。浴室淋浴设施，保持清洁，排水通畅，有专人管理。

（6）在生活区内设置一食堂，提供工人与管理人员的伙食。并按食品卫生法要求执行。用餐统一在食堂进行。

（7）与市卫生防疫部门建立工作联系，对突发性、流行性疾病进行接种疫苗。

（8）定期对办公区、生活区进行消毒。

【案例18】

（1）背景

某冶炼厂年产50万t氧化铝扩建及强化烧结工程中，新建大型钢筋混凝土结构厂房。

采用混凝土预制桩，用柴油打桩机施工。混凝土柱，混凝土屋面板将在现场预制，使用散装水泥施工。屋面采用石油沥青油毡防水。由于工期所限，混凝土柱、混凝土屋面板的预制将于冬季进行，在混凝土中加入防冻液（含尿素）。

（2）问题

①本工程在施工过程中将可能造成哪些污染？

②如何防止上述污染发生？

（3）分析

①本工程在施工过程中将可能造成的污染有：

大气污染。柴油打桩机锤喷出的油污，施工现场熔融沥青，及散装水泥造成的粉尘将会产生大气污染。所使用建筑材料会引起空气污染。含有尿素的防冻液会发出氨气也产生污染。

水污染。基础施工及其他部位施工产生的泥浆，食堂下水也将会产生水污染。

土壤污染。基础施工会产生土壤污染，工程机械的油料如不妥善管理，随地泼倒将造成土壤污染。

噪声污染。打桩锤的锤击声，现场搅拌混凝土，振捣混凝土及其他施工机械将会产生噪声污染。

光污染。夜间施工的照明将会产生光污染。

②防止上述污染发生的措施：

对柴油打桩机锤采取防护措施，控制喷出油污的影响范围。或根据地质情况改用其他打桩机械。

现场熔融沥青时必须使用符合规定的装置。

合理控制防冻液的使用，使空气中氨的含量控制在卫生规范允许的范围内。

采用泥浆处理技术，减少泥浆数量；食堂下水应经排油池处理。

施工现场应设立冲水区，油料不得随地泼倒。

正确使用噪声小的施工工艺。

夜间施工照明尽量不照向居民区。

【案例 19】

（1）背景

某公司承建某冶炼厂钢结构厂房，该厂房地形复杂，东面紧邻公路，西面为该厂家属区，北面为该厂厂区，南面紧邻该厂另一厂房。该厂进出人员众多。

（2）问题

①如何做好施工现场的消防管理？

②施工现场的保安管理的目的及措施？

③当施工进入装修阶段时如何加强保安管理？

（3）分析

①现场管理应当严格按照《中华人民共和国消防法》的规定，在施工现场建立和执行消防管理制度，现场必须安排消防车出入口和消防道路，紧急疏散通道等，并应有明显标志或指示牌。设置符合要求的消防设施，并保持其良好的备用状态。

该厂房采用钢结构，电焊作业很多。在电焊作业时应清除其下方的易燃物品，注意防止电焊火星落入木脚手板缝中引起火灾。电焊作业时要在其下设专人熄灭火星，且作业现场应采用密网作为围护。

室外消防道路的宽度不得少于 3.5m。若消防车道不能成环型，应在适当地点修建车辆回转场地。

施工现场进水干管及消火栓应满足规定。

要加强消防教育。

②保安管理的目的是做好施工现场安全保卫工作，采取必要的反盗措施，防止无关人员进入和防止不良行为。

现场应设门卫，根据需要设置流动警卫。

保安工作应从施工进驻现场开始直至撤离现场应贯彻始终。

③当施工进入装修阶段时，现场工作单位多，人员多，使用材料易燃性强，保安管理应负担着防火，保安和半成品保护等工作。

施工现场采用分区设岗卡，并发放不同颜色的胸卡，以区别工作人员的工作区域和允许入场期限的方式。

2.8 施 工 合 同 管 理

2.8.1 施工合同管理概要

（1）合同的签订

1）冶炼工程合同是承包人进行工程建设、发包人支付工程价款的合同。冶炼工程合同是一种双务合同，当事人双方在合同中明确各自的权利和义务，任何一方在享有权利的同时必须履行义务。

2）合同的谈判往往在对投标书进行澄清的时候就已经开始。发包方（招标人）在招标文件中载明了合同的主要条款，承包方（投标人）在投标的过程中要认真阅读研究这些合同条款，如果有少量不同意见或保留（如果有大量不同意见或保留，就是没有响应性或响应性差，那就不必投标了，投了也是废标），应在商务和技术偏差表中说明，在对投标书进行澄清的时候就要针对这些问题与发包方进行谈判，以求取得发包方的谅解，从而对合同条款内容达成基本一致。但是，招标投标法规定，在确定中标人前，招标人不得与投标人就投标价格、投标方案等实质性内容进行谈判。招标人不得向中标人提出压低报价、增加工作量、缩短工期或其他违背中标人意愿的要求，以此作为发出中标通知书和签订合同的条件。

3）中标以后，双方可以对合同条款的具体内容和细节作进一步的谈判。双方要本着平等互利、互谅互让、友好合作的精神进行协商，力求达到双方都满意的双赢效果，最终对合同条款内容达成完全一致。招标投标法规定，招标人和中标人应当自中标通知书发出之日起 30 日内，按照招标文件和中标人的投标文件订立书面合同。招标文件要求中标人提交履约保证金的，中标人应当按要求提交。

4）签订合同应当遵循下列原则：

① 遵守国家法律、法规；

② 平等自愿；

③ 公平；

④ 诚实信用；

⑤ 等价交换；

⑥ 不损害社会公共利益。

5）签订合同后招标人和中标人不得再行订立背离合同实质性内容的其他协议；

（2）合同履行过程中的管理

1）合同文件的组成及解释顺序。

我国《建设工程施工合同（示范文本）》规定施工合同文件的组成及解释顺序如下：

① 施工合同协议书；

② 中标通知书；

③ 投标书及其附件；

④ 施工合同专用条款；

⑤ 施工合同通用条款；

⑥ 标准、规范及有关技术文件；

⑦ 图纸；

⑧ 工程量清单；

⑨ 工程报价单或预算书。

双方有关工程的洽商、变更等书面协议或文件视为合同协议书的组成部分。

上述合同文件应能够互相解释、互相说明。当合同文件出现不一致时，按上列优先顺序解释。

2）不可抗力的管理

不可抗力是指不能预见、不能避免并不能克服的客观情况，包括因战争、动乱、空中飞行物体坠落或其他非发包人承包人责任造成的爆炸、火灾，以及专用条款约定的风、雨、雪、洪水、地震等自然灾害。

不可抗力事件发生后，承包人应立即通知监理工程师，在力所能及的条件下迅速采取措施，尽力减少损失，发包人应协助承包人采取措施。不可抗力事件结束后48h内承包人向监理工程师通报受害情况和损失情况，以及预计清理和修复的费用。不可抗力事件持续发生，承包人应每隔7天向监理工程师报告一次受害情况。不可抗力事件结束后14天内，承包人向监理工程师提交清理和修复费用的正式报告及有关资料。

因不可抗力事件导致的费用及延误的工期由双方按以下方法分别承担：

① 工程本身的损害、因工程损害导致第三方人员伤亡和财产损失，以及运至施工场地用于施工的材料和待安装的设备的损害，由发包人承担；

② 发包人、承包人人员伤亡由其所在单位负责，并承担相应费用；

③ 承包人机械设备损坏及停工损失，由承包人承担；

④ 停工期间，承包人应工程师要求留在施工场地的必要的管理人员及保卫人员的费用由发包人承担；

⑤ 工程所需清理、修复费用，由发包人承担；

⑥ 延误的工期相应顺延。

因合同一方迟延履行合同后发生不可抗力的，不能免除迟延履行方的相应责任。

3）保险的管理

① 工程开工前，发包人为建设工程和施工场内的自有人员及第三方人员生命财产办理保险，支付保险费用。

② 运至施工场地内用于工程的材料和待安装设备，由发包人办理保险，并支付保险费用。

③发包人可以将有关保险事项委托承包人办理，费用由发包人承担。

④承包人必须为从事危险作业的职工办理意外伤害保险，并为施工场地内自有人员生命财产和施工机械设备办理保险，支付保险费用。

⑤保险事故发生时，发包人承包人有责任尽力采取必要的措施，防止或者减少损失。

4）担保的管理

发包人、承包人为了全面履行合同，应互相提供以下担保：

① 发包人向承包人提供履约担保，担保按合同约定支付工程价款及履行合同约定的其他义务。

② 承包人向发包人提供履约担保，担保按合同约定履行自己的各项义务。

提供担保的内容、方式和相关责任，发包人承包人除在专用条款中约定外，被担保方与担保方还应签订担保合同，作为本合同附件。

一方违约后，另一方可要求提供担保的第三人承担相应责任。

如果履约担保是采用履约保证金或银行保函的方式，一方违约后，另一方可通过扣留履约保证金或要求担保银行支付担保金额来弥补由于对方违约造成的损失，若仍不足，可继续向对方索赔。

5）工程分包管理

中标人按照合同约定或者经招标人同意，可以将中标项目的部分非主体、非关键性工作分包给他人完成。接受分包的人应当具备相应的资格条件，并不得再次分包。

承包人不得将其承包的全部工程转包给他人，也不得将其承包的全部工程肢解以后以分包的名义分别转包给他人。

工程分包不能解除承包人任何责任与义务。承包人应在分包场地派驻相应管理人员，保证本合同的履行。分包单位的任何违约行为或疏忽导致工程损害或给发包人造成其他损失，承包人承担连带责任。

分包工程价款由承包人与分包单位结算。发包人未经承包人同意不得以任何形式向分包单位支付各种工程款项。

（3）合同的变更与争议的处理

1）合同变更是指在合同仍然存在的前提下，由于施工条件的改变而不得不对合同中某些权利义务作相应修改。当事人协商一致，可以变更合同。

发生下列情况之一时，可以按一定程序变更或解除施工合同：

① 当事人双方经过协商同意，并且不因此损害国家和公共利益；

② 订立合同时所依据的国家计划被修改或取消；

③ 当事人一方由于关闭、停产、转产、破产而确实无法履行施工合同；

④ 由于不可抗力或由于一方当事人虽无过失但无法防止的外因，致使施工合同无法履行；

⑤ 由于一方违约，使施工合同履行成为不必要。

合同变更一经成立，原合同相应条款就要解除。

2) 发包人承包人在履行合同时发生争议，可以和解或者要求有关主管部门调解。

① 当事人不愿和解、调解或者和解、调解不成的，双方可以在专用条款内约定以下一种方式解决争议：

第一种解决方式：双方达成仲裁协议，向约定的仲裁委员会申请仲裁。

第二种解决方式：向有管辖权的人民法院起诉。

② 发生争议后，除非出现下列情况，双方都应继续履行合同，保持施工连续，保护好已完工程：

- 单方违约导致合同确已无法履行，双方协议停止施工；
- 调解要求停止施工，且为双方接受；
- 仲裁机构要求停止施工；
- 法院要求停止施工。

2.8.2 施工合同管理案例

【案例 20】

（1）背景

某钢铁公司产品展示中心工程，招标文件明确合同条款采用我国《建设工程施工合同（示范文本）》，招标人在与中标人进行合同谈判时要求将如下内容写入合同：

1）按公司领导指示，工期由 22 个月缩短为 20 个月；

2）考虑设计单位的现实状况，施工单位应具有相应设计能力，当设计单位不能按计划交付钢结构图纸时，施工单位要协助设计单位完成该部分图纸设计，并不能因此影响工期（招标文件对此有明确要求，中标人投标时对此作了承诺）；

3）工程质量标准：创鲁班奖；

4）按中标价实行总价包干，不作任何调整；

5）乙方承担全部保修责任的责任期为 5 年；

6）质量保留金为 5%，保修责任期满后退还，不计利息；

7）甲方提供所掌握的施工场地的工程地质和地下障碍物资料供乙方参考使用；

8）进度款按月支付，工程总量按工程量清单为准；

9）当地每年都有台风，台风影响不视为不可抗力。

（2）问题

上述要求是否合理？应如何处置？

（3）分析：

1）《招标投标法》第46条规定，招标人和中标人应按照招标文件和中标人的投标文件订立书面合同。招标文件的工期要求是 22 个月，投标人响应要求投标，双方就应该按此工期签订合同；如果招标人要求缩短工期，应与投标人协商，在考虑各方面条件和增加合理赶工费用、双方达成一致的前提下，可以写入合同；

2）同样根据《招标投标法》上述规定，中标人投标时响应招标文件要求对此作了承诺，就应该写入合同；

3）创鲁班奖不是靠中标方单方面努力能够实现的，按《建设工程施工合同（示范文本）》15.1款，质量标准的评定以国家或行业的质量检验评定标准为依据，不宜将创鲁班奖作为工程质量标准写入合同；

4）本工程规模较大，工期较长，招标文件没有要求采用总价包干合同，以采用可调价格合同为宜；参照"示范文本"第23条，双方可商定中标合同价款包含的风险范围和风险费用的计算方法，在约定的风险范围内合同价款不再调整，风险范围以外的合同价款调整方法，在专用条款内约定；

5）质量保修期应按我国《建设工程质量管理条例》执行；

6）质量保留金是否计利息，现行法规没有规定，由双方商定；

7）应按"示范文本"第8.1（4）款："发包人向承包人提供施工场地的工程地质和地下管线资料，对资料的真实准确性负责"写入合同；

8）按"示范文本"第2.1款，工程量清单列出的工程量与按图纸计算的工程量不一致时，应以按图纸计算的工程量为准，工程款应按监理工程师核实的已完工程量支付；

9）"示范文本"1.22款：不可抗力指不能预见、不能避免并不能克服的客观情况。虽然当地年年有台风，但订合同时不能预见台风具体在何时、何地登陆、强度有多大，属不能避免并不能克服的客观情况，无论合同怎么写，在法律上台风都被视为不可抗力。

【案例 21】

（1）背景

某冶炼厂为扩大生产，进行一项技术改造工程，将这一工程总承包给 A 公司；由于该公司专于设备改造，无土建工程专业队伍，经甲方同意，将设备基础加固等土建工程分包给 B 建筑公司。在工程验收时发现土建工程存在严重的质量问题。甲方要求 A 公司进行返工修复，并承担所有返工费用和赔偿因为返工造成的停产损失费用。A 公司认为土建工程已经过甲方同意，分包给了 B 公司，认为自己不负任何责任，要求甲方直接与 B 公司交涉解决；而 B 公司则认为该工程实际上是由在其公司挂靠的 C 包工队完成，有关工程质量问题也与自己无关。

（2）问题

① 甲方单位所提要求是否合理？

② A 公司认为"经甲方同意将土建工程分包出去后，自己不负任何责任"的说法对吗？

③ B 公司能否将工程转包给 C？

（3）分析

甲方的要求是合理的，A 公司的说法不对。我国相关法规规定，工程分包不能解除总承包人的责任和义务，分包单位所做工程如果出现质量问题，承包人应该承担连带责任。同时，接受分包方没有权力将工程再次分包给其他单位。

【案例 22】

（1）背景

某钢铁公司 A 为扩大生产，新建一个轧钢厂，该轧钢厂的设备由钢铁公司从国外进口，在施工招标中 B 工程公司中标。厂房于 1998 年 3 月 1 日开工建设，于 1998 年 9 月 15 日将主要设备安装完毕，1998 年 10 月 3 日暴雨洪水袭击该城市，该套设备中电子控制系统严重损坏，施工单位大部分材料被冲走，几部施工机械亦受损，施工单位有两人失踪，工程被迫停工。1998 年 10 月 10 日洪水退去。在事故处理中，B 工程公司向 A 提出要由甲方承担施工材料、机具损失和人员伤亡赔偿费用，同时工期顺延；A 则认为工程未验收，B 工程公司应与他一起承担新厂设备损失。就该事向法院申请调解。

（2）问题

① 施工单位材料、机具损失由哪一方承担？

② 施工单位人员伤亡赔偿金由谁支付？

③ 甲方应该认可施工方提出的工程延期吗？

④ 甲方的设备损失应如何处理？

⑤ 洪水后的厂房修理费用由谁承担？

（3）分析

本案例涉及了有关不可抗力导致工程停工和财产损失的处理问题，法院调解意见是：因不可抗力导致承包人的机械设备损失应由承包人自己承担，而运到现场经验收用于施工的材料和待安装设备的损失由甲方承担；施工方和发包方的人员伤亡由其各自单位负责，工程所需清理、修复费用由甲方承担（如果事前购买了相关保险，上述损失可要求保险公司赔付）；延误工期应根据实际情况顺延。

【案例 23】

（1）背景

某电解铝项目基坑开挖工程，合同挖方量 4500m³，直接费单价 10.2 元/m³，综合费率为直接费的 20%，按经甲方批准的施工方案，乙方租用一台 1m³ 的挖土机（租赁费 850 元/台班，停置费 450 元/日）开挖，计划 5 月 11 日开工，5 月 20 日完工。施工中发生下列事件：

1）因挖土机大修，晚开工 2 日，造成人员窝工 10 工日；

2）遇未预见的软土层，接工程师指令 5 月 15 日停工，进行地质复查，配合用工 15 工日，使用挖土机 2 台班（挖土机停置 3 日）；

3）5 月 19 日接工程师次日复工指令及开挖加深 2m 的设计变更通知，增加挖方量 900m³；

4）5 月 20 日至 22 日遇五十年一遇大暴雨开挖暂停，造成人员窝工 15 工日；

5）5 月 23 日修复暴雨损坏正式道路用工 30 工日、挖土机 1 台班；

5 月 24 日恢复挖掘，至 5 月 30 日完工。

（2）问题

① 上列哪些事件乙方可或不可向甲方索赔？请说明原因。

② 可索赔工期的事件各可索赔几天？共几天？

③ 假设人工单价 60 元/工日，管理费为 30%，合理的索赔费用总额是多少？

（3）分析

① 事件 A：不可索赔，反铲大修，晚开工 2 日是乙方责任；

事件 B：可索赔，地质条件变化甲方承担；

事件 C：可索赔，属设计变更；

事件 D：大暴雨停工，可要求工期顺延；

事件E：可索赔，因大暴雨造成，甲方承担。

② 事件B：可索赔工期5日（15～19日）；

事件C：可索赔工期2日（900/4500/10＝2）；

事件D：可索赔工期3日（20～22日）；

事件E：可索赔工期1日；

共可索赔工期11日

③ 事件B：可索赔配合地质复查用工人工费15×60×（1＋30％）＝1170元；

　　　　　　机械费850×2＋450×3＝3050元

事件C：可索赔增加挖土方工程费900×10.2×（1＋20％）＝11016元

事件E：可索赔修复正式道路人工费30×60×（1＋30％）＝2160元；

　　　　　　机械费850 ×1＝850元

索赔费用总额：1170＋3050＋11016＋2160＋850＝18246元